봉주르 와인

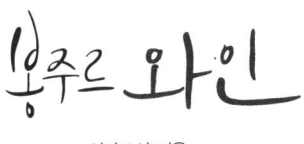

봉주르 와인

이다도시 지음

예담
WISDOM HOUSE

BONJOUR WINE

CONTENTS

PROLOGUE

와인, 좋아하세요?

당신은 와인을 좋아하는가? 모처럼 와인을 사러 갔는데 와인 코너에 진열되어 있는 수많은 와인 병 앞에서 무엇을 골라야 할지 망설이다 그냥 돌아온 적은 혹시 없는지? 와인에 대해 알고 싶다는 마음에 최근 들어 홍수처럼 넘쳐나는 와인에 대한 책과 정보 속에 몸을 맡겼다가 "결국 좋은 와인이란 도대체 어떤 거야? 와인을 즐기려면 어떻게 해야 하는 거지?" 하는 의문이 생긴 적은 없는지? 이 책은 바로 이렇게 와인에 대한 관심과 호기심을 넘어 와인을 제대로 알고 진정으로 즐기고 싶은 사람들을 위한 책이다.

나는 와인의 나라 프랑스에서 태어났다. 하지만 내가 처음부터 와인을 잘 알았던 것은 아니다. 와인을 즐기는 능력이 선천적으로 타고나는 것은 아니기 때문이다. 그러니 당신이 한국인이라고 미리 실망할 필요는 전혀 없다. 만일 당신이 프랑스에서 살았다면 가족이나 친구들과의 모임에서 와인을 더 자주 접할 수 있었을 것이다. 다만 그뿐이다.

나의 첫 와인의 추억은 여섯 살 때 아버지의 무릎 위에서였다. 여섯 살 때라고? 하지만 오해는 마시길……. 그 어린 나이에 와인을 마시게 된 건, 프랑스에서는 아이들에게도 와인을 마시게 허락해서가 아니라 실수였으니까 말이다. 가까운 친척의 결혼식 날, 무척 목이 말랐던 나는 물을 찾아 두리번거리다가 테이블 위에 놓여 있는 빨갛고 투명한 액체가 가득 담긴 잔들을 보게 되었다. 잠시 망설이다가 나는 한 잔을 들어 꿀꺽꿀꺽 들이켰다. 으악! 그것은 여섯 살짜리 꼬맹이가 마시기에는 너무나 강렬한 맛의 앙트르되메르Entre-Deux-Mers 와인이었다. 일반적으로 와인의 알코올 도수는 10~14도에 이르니, 나의 첫 잔은 그만큼 놀라운 것이었다.

얼떨결에 맛보게 된 첫 와인과는 달리, 두 번째 와인은 제대로 마음의 준비를 하고 맛볼 수 있었다. 열 살 무렵, 사촌 동생의 영성체 식에서 공시적인 첫 샴페인 잔을 받아들었던 것이다. 정말 달콤하고 고맙기 그지없는 순간이었다. 술이라면 꿈도 못 꾸던 어린 시절, 나는 그 샴페인 잔을 들고 마치 '어른'이 된 듯한 흥분을 감출 수 없었다. 처음 느끼는 알코올의 맛은 '금단'의 맛처럼 신비롭게 다가왔다. 나는 한 모금 한 모금 아주 아껴가며 마셨다. '첫 와인을 마시고 있는 나의 모습'이 스스로에게 얼마나 신성하게 느껴지던지……. 마지막 남은 한 모금, 차마 마시지 못하고 아쉽게 바라보다 결국 샴페인은 내 손안에서 따뜻하게 데워져버렸다. 그것이 나와 와인의 첫 만남이었다.

나는 두 아이를 기르는 부모로서, 아이들에게 와인의 맛과 함께 술 마시는 예의를 가르쳐야 한다고 믿는 사람 중 한 명이다. 물론 너무 이른 나이에 술에 대해 가르쳐야 한다는 게 아니다. 다만 이성적인 나이가 되면 큰 가족 행사 같은 때에 샴페인 한 잔이나 스위트 와인 한 잔을 맛볼 수 있게 해서 '금기'를 깨뜨리는 것도 필요하단 얘기다. 와인이 선사하는 행복과 나눔의 뜻을 이해하고, 신들의 음료인 와인이 지닌 특별한 축제의 분위기와 향긋한 아로마를 아이들도 만끽할 수 있도록 말이다.

프랑스의 가정에는 카브(cave, 지하 와인 저장고, 때로는 아주 작다)가 있는 경우가 많다. 자신의 집에서 여럿이 모여 와인을 마시는 기회가 생길 때면 가장은 카브에 내려가서 고이 숨겨둔 와인 한 병을 자랑스레 꺼내오곤 했다. 하지만 그런 전통도 최근엔 사라져가고 있다. 요즘은 프랑스 사람들도 와인에 대한 지식이 별로 없는 게 사실이다. 아내가 정성스레 준비한 저녁 식사에 어울리는 와인을 남편이 카브에서 골라오던 시절은 이제 지난 것이다. 대신 요즘엔 아내도 자신이 준비한 스프링 롤이나 아몬드를 곁들인 숭어 요리에 가장 어울리는 와인이 무엇인지 이미 잘 알고 있거나, 혹은 모른다 하더라도 인터넷으로 검색해볼 수도 있다. 그만큼 와인을 고르기도, 구매하기도 쉬워진 것이다.

요즘 젊은 학생들은 호주머니가 가벼운 탓도 있겠지만, 무엇보다 더 빨리 취하기 위해서 와인보다는 맥주나 혹은 더 독한 술을 선호하는 편이다. 그래도 가족 모임이나 친구들과의 특별한 식사 때는 여전히 와인을 고른다. 입 안에서 느껴지는 섬세한 즐거움이 있기 때문일 것이다. 프랑스의 30대들은 커다란 호기심과 설렘을 가득 안고 와인을 재발견하고 있다. 시크하고, 건강에 좋고, 그리고 무엇보다 맛이 좋으니까! 한국의 와인 애호가들의 열정도 이에 못지 않게 대단하다. 한국의 와인 시장이 최근에야 커진 것을 감안하면 놀라울 정도다.

한국을 마음의 고향으로 품고 사는 나는 와인을 접한 지 벌써 20년이 되었다. 몇 년 전에는 보르도의 와인 스쿨에서 학위도 받았다. 그러나 와인은 여전히, 순간순간 내가 몰랐던 새로움으로 다가오곤 한다. 와인 애호가였던 소크라테스조차 "내가 아는 것이라곤 '내가 아무것도 알지 못한다'는 것뿐이다"라고 말했다고 한다. 와인을 좋아하고, 와인에 대해 공부한 경험이 있는 사람이라면 아마 같은 생각을 해봤을 것이다. 와인이라는 주제는 바닥이 없는 우물과도 같아서 파면 파내려갈수록, 맛보면 맛볼수록 아직도 새롭게 발견해야 할 것이 수천 가지라는 현실을 깨닫게 되는 것이다. 한 번 사는 인생이 너무 짧게 느껴질 정도다. 이쯤 되면 너무 어려운 주제가 아닌지 걱정이 되겠지만, 와인이 '맛있다'고 느끼기 시작했다면 와인 공부에 부담을 느낄 필요가 없다. 그 '공부'라는 것이 새롭고 다양한 와인들을 접하는 과정에서 자연스럽게 얻어지는 것이기 때문이다.

나도 3년 전 보르도에 가기 전까지만 해도 와인에 대해 조예가 깊다고 말할 수는 없었다. 방송 관련 일을 하면서 와인에 대해 더 깊이 알고자 하는 마음이 생겼고, 결국 프랑스로 떠나게 되었다. 그 유학 기간은 나에게 너무나 소중한 시간이 되었다. 와인에 대한 호기심, 후각적 · 미각적·감각적 호기심을 충족시키는 것은 물론 프랑스의 와인 산지를 공부하며 내 고향을 새롭게 발견하는 기쁨까지 얻게 되었다. 이 모든 것들이 하나하나 큰 배움이면서 잊을 수 없는 경험이었다.

또한 전문가들의 알찬 강의와 조언 덕분에 와인의 신비를 조금이나마 벗길 수 있었다. 와인 전문가들이 누차 강조했던 주제는 와인이란 '자유', '나눔', '행복'이라는 것이었다. 이것은 와인을 공부하던 내게 깊은 인상을 주었다.

자유 와인을 선택하고 평가하는 것은 자유롭고 주관적인 일이다. 결함이 없는 와인이라면 다른 사람이 싫어한다고 해도 내 마음에는 들 수 있고, 또 그 반대의 경우도 있을 수 있다. 이것은 내 선택이고, 내가 지켜야 하는 내 취향인 것이다. 와인과 음식 궁합도 마찬가지다. 정해진 룰에 따르는 게 아니라 내 입맛에 맞으면 되는 것이다.

나눔 홀로 와인을 마실 수도 있지만, 좋은 와인을 즐기기에는 친구들과의 식사나 저녁 모임만 한 것이 없다. 와인은 사람과 사람 사이를 가깝게 만들어준다. 마음에만 담아두었던 이야기를 꺼낼 수 있게 해주며, 어색한 사이조차 자연스럽게 다가갈 수 있게 해준다. 좋은 와인을 가운데 놓고 친구들과 둘러앉아 이야기하는 것만큼 즐거운 일이 또 있을까?

행복 와인은 우리들을 행복하게 해준다. 와인은 긴장을 완화시키고, 스트레스를 진정시킨다는 사실이 과학적으로 이미 검증되었다.

WINE CLASS

FREEDOM +

SHARE +

HAPPINESS +

이렇듯 매력 만점인 와인을 친구들과 나눈다면 행복은 더욱 커질 것이다.

굳이 술의 신 '바쿠스'에게 기도하지 않아도 최고의 와인을 마실 수 있다. 최고의 소믈리에(sommelier, 와인을 관리하고 추천하는 직업)나 와인 전문가라면 물론 가능할 것이다. 혹은 신과 대지의 축복을 받은 곳에만 내려주는 등급이 매겨진 고급 와인 '그랑 크뤼grand cru'만 사는 방법도 있다. 와인 전문가가 아니어도 그랑 크뤼 중에서도 최고로 꼽히는 샤토 디켐Château d'Yquem이나 샤토 마고Château Margaux가 신이 내린 음료라는 것쯤은 알 수 있을 것이다. 병당 십만 원에서 수백만 원을 호가하는 와인! 이런 와인들을 매일같이 마실 수 있다면 우리 인생은 너무나 쉽고 멋지겠지만 불행히도 현실은 그렇지 않다.

현실적으로 우리가 마실 수 있는 와인은 다음의 세 가지로 구분해볼 수 있겠다. 좋아하는 와인, 싫어하는 와인, 좋아하지만 날마다 마실 수 없는 와인.

최고의 와인을 매일 마시지 못한다고 좌절할 필요는 전혀 없다. 맛 좋은 와인을 적당한 가격에 즐길 수 있으면 된다. 전 세계 와인 애호가들이 마시는 와인이 바로 그런 것들이다. 이 책을 쓰게 된 동기가 바로 여기에 있다. 기분 좋은 가격으로 맛 좋은 와인을 즐길 수 있게 하기 위한 것이다. 이제는 한국에서도 전 세계의 와인을 다양한 가격, 그 중에서도 특히 1만 원에서 5만 원 사이의 부담스럽지 않은 가격에 즐기는 것이 가능해졌다.

이제는 당신의 호주머니 사정에 맞는 적당한 가격에, 당신이 원하는 맛의 '그' 와인을 골라보기로 하자. 그러나 안타깝게도 당신이 찾고 있는 '바로 그' 와인을 찾아줄 수 있는 마법의 주문은 존재하지 않는다. 내가 할 수 있는 것은 와인에 대한 기초를 설명하고, 와인을 어떻게 고를지, 어떤 음식이 와인과 어울릴지(특히 한국과 프랑스 음식 문화 모두에 익숙하기 때문에 할 말이 많다!)를 내가 아는 선에서 최대한 충실히 이 책에 담는 것이다.

프랑스 속담 중에 '대장장이 일을 하면서 대장장이가 된다'라는 말이 있다. 무슨 일이든 일단 뛰어들어 겪어봐야 한다는 뜻이다. 책만 읽는다고 와인 전문가나 애호가가 될 수는 없다. 일상 속에서 와인을 가까이 하며 마음에 드는 와인을 찾는 노력이 필요하다는 말이다. 힘들 것 같다고 미리 겁먹을 필요는 없다. 이렇게 맛있는 주제를 포기하기에는 너무 아깝지 않은가?

자, 그럼 함께 가보자.

상테!(santé, 불어로 '건강'이라는 뜻으로 건배 제의할 때 쓰는 말)

PART 1

C'EST SI BON WINE

세씨봉, 와인

STORY ONE 와인, 뭐지?

와인과의 첫 만남

보르도를 향해서

2005년. 와인 애호가들에게 2005년은 각별하다. 보르도^{Bordeaux}의 포도 작황이 최상급이었던 유명한 해이기 때문이다. 그러나 내가 2005년을 잊을 수 없는 데는 또 다른 이유가 있다. 그해 여름, 와인을 공부하기 위해 보르도로 향했던 것이다. 나는 다른 한국 사람들에 비해 와인과 친숙하기는 했지만 와인에 대해서 경험적인 지식만을 갖고 있을 뿐이었다. 와인에 대해 처음부터 제대로 공부할 필요성을 느끼면서 보르도에 가서 와인학을 공부해야겠다는 결심을 했다.

2005년 여름, 나는 홀로 프랑스 남서쪽에 있는 보르도의 포도밭을 향해 테제베(TGV, 프랑스의 고속전철)에 몸을 실었다. 남편은 서울에 남겨두고, 아이들은 노르망디에 계시는 친정 부모님께 맡겼다. 물론 보르도에만 포도밭이 있는 것은 아니다. 전 세계의 많은 와인 애호가들이 세계

곳곳으로 와인 투어를 떠난다. 그래도 보르도야말로 최고급 와인을 세계에서 가장 많이 생산해내는 지역임은 분명하다. 자랑하려는 것은 아니지만 인정할 수밖에 없는 사실이다. 덤으로 몇몇 친구들이 그곳에 살고 있었기 때문에 금상첨화였다. 즐거운 주말을 약속받는 것이니까……

시간이 많지 않았기 때문에 집중 코스를 선택한 나는, 매일 아침 8시 반이면 보르도 와인 스쿨로 가서 강사와 일대일로 오전 내내 이론 수업을 받았다. 학생은 나 혼자였기 때문에 한눈팔 수도 없었고, 질문을 피할 수도 없었다. 아로마를 구별해내고 와인을 맛보는 것 역시 모두 내 몫이었다. 점심 식사도 수업의 연장이었다. 와인을 곁들여 점심을 먹으며, 옆에 시음 노트를 끼고 음식과의 궁합을 비롯하여 와인에 대한 느낌을 적곤 했다. 오후에는 그 지역의 가장 유명한 그랑 크뤼와 같은 '아펠라시옹(appellation, 생산지 명칭)'을 쓰는 아주 작은 와인 생산 농가를 방문했다. 주로 가족들이 운영하고 있었는데, 그림엽서 속 풍경처럼 멋진 곳들이었다. 저녁에는 와인 업계의 전문가, 생산자, 수입업자, 네고시앙(négociant, 중간도매상)들과 만나는 기회도 있었다. 늘 와인과 함께하는 그야말로 열정이 가득한 시간이었다.

하루하루가 와인을 알아가는 소중한 순간이었지만, 특히 와이너리(winery, 와인이 만들어지는 포도원 혹은 양조장, 불어로는 샤토Château 또는 도멘Domaine) 방문은 내게 큰 인상을 남겼다. 어느 곳에서든 와인에 대해 할 말이 넘치는 열정적인 사람들을 만날 수 있었다. 포도밭에서 와인 창고까지, 포도 알에서 와인 시음까지, 와이너리의 역사에서 그곳 와인의 특징까지 이들 열정의 원천에 대해 끊임없이 이야기를 나누었다. 내게는 노르망디에서 포도 농사를 짓는 삼촌이 있었지만, 보르도에 오기 전까지는 와인을 만드는 데 있어 농부의 역할이 그렇게 중요한지 미처 깨닫지 못했었다. 하루 종일 열정적인 사람들과 이야기를 나누다 보니 나 역시 그 열정에 푹 빠져 쉬거나 물 마시는 것조차 잊을 지경이었다. 그런데 그해 여름은 위험할 정도로 더웠다. 폭염 속에서 휴식도 거의 없이 강행군을 하던 7월의 끝 무렵, 한낮의 작열하는 햇빛 아래에서 생테밀리옹Saint-Émilion의 포도밭을 둘러본 뒤 시원한 창고로 들어갔는데 갑자기 현기증이 느껴져 정신을 잃었다. 기절하는 것을 불어로는 '사과 속으로 떨어진다tomber dans les pommes'고 표현하는데, 나는 포도 창고 안에서 기절했으니 '포도 속으로 떨어졌다'고 하는 게 맞을 것이다.

잠시 후 깨어나 한바탕 웃은 뒤에 '샤토 피쟥Château Figeac'으로 향했다. 샤토 피쟥은 생테밀리옹 1등급 샤토로 빼놓을 수 없는 곳이다. 흥미진진하게 샤토를 돌아본 후 그토록 유명한 붉은 봉인이 찍힌 와인 한 병을 마실 수 있었다. 떠나기 전에 마지막으로 포도밭을 한 번 눌러보는데, 와이너리 책임자가 아직 초록빛이던 포도송이 몇 개가 검붉은 빛을 띠는 것을 발견하게 되었다. 베레종(véraison, 착색)이 시작된 것이다! 흥분한 그는 모든 직원들에게 곧바로 전화를 했다. "베레종! 베레종!" 하고 외치는 이들의 소리를 듣고 있자니 나까지 가슴이 뭉클해졌다.

그해 여름, 나는 그렇게 와인, 와인 생산지와 그곳의 자산, 와인에 얽힌 '삶의 멋art de vivre'을 깊이 있게 알아가는 시간을 보냈다. 교육이 모두 끝나 보르도를 떠나야 할 시간이 다가오자 무척 아쉬웠다. 다른 지역도 꼭 가보리라 다짐을 하며 안 떨어지는 발을 옮겨 한국에 돌아왔다. 그렇듯 2005년 여름은 내게는 영원히 소중한 순간으로 남을 것이다.

와인에 관심을 갖고 있다면 언젠가 시간을 내서 세계의 와이너리(프랑스, 이태리, 호주, 미국, 아르헨티나 등, 곳곳에 흩어져 있는 와이너리만 찾아다녀도 세계 일주가 가능할 정도다) 중 한 곳을 방문해보는 것도 좋다. 내가 좋아하는 와인이 만들어지는 과정을 생생하게 살펴보는 것은 물론, 새로운 지역과 그곳의 풍습을 발견하는 특권을 누릴 수 있을 것이다. 또한 아름다운 사유지인 샤토에서 며칠 묵으면서 이국적인 분위기를 만끽할 수도 있고, 다양한 요리를 맛보는 즐거움도 빼놓을 수 없다. 보르도의 와이너리에 들렀던 한국인 친구들은 근처인 아르카숑 연안의 굴을 너무나도 좋아했다.

물론 와인과 관련된 색다른 재미들도 얼마든지 있다. 그 중 하나가 바로 와인 테라피 스파다. 한국에 살면서 나는 자연스레 각종 마사지와 온천에 익숙해졌고, 피로를 푸는 방법으로 애용한다. 매일매일 이어지는 보르도 와인 스쿨의 강행군 때문에 몸이 너무 힘들던 어느 날, 와인 스쿨 강사는 내게 와인 테라피 스파를 권했다. 그라브^{Graves} 지역의 그 유명한 샤토 스미스오라피트^{Château Smith-Haut-Lafitte}에 위치한 코달리^{Caudalie} 온천이었다. 포도의 폴리페놀과 항산화제의 효능을 이용하는 테라피로, 포도의 추출물을 바탕으로 하는 각종 마사지와 온천욕을 즐길 수 있었다. 물론 한국에서만큼 전신을 시원하게 해주는 마사지는 아니었지만 분위기는 더 럭셔리했다. 커플로 케어를 받을 수 있다는 매력도 있으니 신혼 여행이나 결혼 기념일에 적합한 코스일 듯하다.

최근엔 와인 애호가들을 위해 전 세계적으로 다양한 와이너리 투어

패키지가 있다. 초보자에서부터 전문가들을 대상으로 폭넓은 프로그램이 준비되어 있기 때문에 자신의 관심사와 일정에 따라 선택할 수 있다. 연인끼리 혹은 가족 단위로 주말이나 일주일 혹은 한 달 정도 장기 체류까지 원하는 대로 고를 수가 있는 것이다. 여러분도 바쿠스의 이 거부할 수 없는 매력에 빠져서 와인을 발견하는 기회를 잡아 보기를 바란다.

와인의 역사는 세상의 역사

포도나무의 역사는 인간의 역사만큼 오래됐다. 위대한 그리스 시인 바르비우스는 "와인의 역사는 세상의 역사다"라고 말했다. 성경에 의하면 포도나무의 재배는 노아의 시대로 거슬러 올라간다. 첫 번째 농부였던 노아가 포도나무를 심고 와인을 마셨다고 전해진다.

　전문가들은 포도나무의 기원을 소아시아에서 찾는다. 야생 포도나무를 재배하게 된 것은 기원전 7세기경, 소아시아의 민족(수메르인, 바빌로니아인, 아시리아인, 이집트인, 히브리인, 페키니아인)들이 포도나무를 심으면서부터라고 한다. 그 후 와인 문명의 발상지인 지중해 연안을 중심으로 와인 문화가 꽃피우게 된다. 전설에 따르면 페르시아의 한 왕이 항아리에 보관하던 포도가 상하자 '독'이라고 써붙여 놓았다고 한다. 어느 날 후궁 한 명이 자살하려고 그것을 마셨다. 그런데 그것을 마시고 나니 자살하려던 마음이 싹 사라졌다는 것이다. 왕도 그 음료를 맛보고는 마음에 들어했다. 그렇게 해서 와인이 만들어진 것이다.

　지중해에서 포도나무 재배를 처음 시작한 그리스인들을 뒤따라 로마인들은 와인 양조 기술을 익히고 개선하게 되었다. 로마인들이야말로 와인 품질에 처음으로 신경을 쓴 사람들이다. 이들이 만들던 와인은 현대의 와인과는 조금 다르다. 보존을 위해 꿀, 향신료를 넣고 바닷물을 탔던 것이다.

기원전 4세기경 갈리아(지금의 프랑스) 지역에 와인이 처음 들어왔다. 로마인들이 갈리아로 들어오면서 포도나무도 가져와서 전역에 퍼져나가게 된 것이다. 갈리아 족은 최고의 포도나무 재배자들이었다. 이들은 또한 와인 통을 발명해서 그때까지만 해도 흙을 구워 만든 단지에 담던 와인을 용이하게 옮길 수 있도록 했다. 그후 프랑스에서 와인을 널리 전파한 일등 공신은 기독교였다. 와인은 성찬식 때 빼놓을 수 없는 것이었기 때문이다. 또한 교환 화폐이자 경제적 부의 상징이며, 왕과 귀족들을 대접하는 수단이기도 했다. 이 시기부터 프랑스에서는 포도 재배를 전통 문화로 인식하게 되었다.

이렇듯 포도나무는 그리스, 시칠리이, 남부 이대리를 거쳐 프랑스의 지중해 연안, 스페인을 통해 대서양 연안(보르도)과 유럽 내륙 지방으로 뻗어나갔다. 1492년 콜럼버스가 아메리카 대륙을 발견하면서, 와인과 포도 재배법이 신대륙에 전해지게 된다. 식민지 시대를 맞이하여 포도나무는 전 세계로 퍼져나갔다.

전 세계적으로 종교단체가 주도하여 포도 재배기술을 발전시키고 완성시켰다. 지난 세기, 와인 양조학이 발달하면서 와인을 둘러싼 과학 및 연구가 활발해졌다. 이런 연구들은 와인의 품질과 문화적인 면을 강조하면서 서구 문명에서 와인이 차지하는 높은 비중을 확인해주었다.

포도가 와인으로

이쯤에서 와인의 제조 방식을 간단하게 소개할까 한다.

포도가 와인으로 변화하는 과정을 양조라고 부른다. 1리터의 와인을 만들기 위해서는 약 1.3∼1.5kg의 포도가 필요하다.

양조의 주요 단계는 다음과 같다: 포도알 뜯어내기 → 압착(으깨기) → 침용(포도 껍질을 담가 두어 타닌^{tannin} 추출) → 알코올 발효 → 젖산 발효(특히 레드 와인의 경우에 사과산을 젖산으로 바꿈)

원하는 와인 유형에 따라 단계와 순서가 조금씩 달라지고 복잡해진다. 포도의 품종도 와인에 영향을 미친다. 또한 지역적인 특성 혹은 전통에 따라 양조 과정은 얼마든지 변형될 수 있다.

알코올 발효는 양조의 주요 과정으로 포도의 당분이 자연 효모의 영향으로 알코올과 이산화탄소로 바뀌는 자연스러운 현상이다. 처음부터 끝까지 자연스러운 과정이라 하겠다. 설탕, 알코올, 물, 그 어느 것도 첨가하지 않고 오직 포도만이 들어가는 것이다!

레드 와인은 붉은 포도로 만들고, 화이트 와인은 붉은 포도 혹은 청포도로 만든다. 포도 껍질에 함유된 타닌이 와인의 색을 만드는데, 붉은 포도로 화이트 와인을 만드는 경우엔 포도 껍질은 즙에 넣고 침용시키지 않기 때문에 맑은 빛깔이 된다.

로제 와인은 붉은 포도를 사용하여 만드는데, 세 가지 방법이 있다. 첫 번째, 붉은 포도로 만드는 화이트 와인처럼 붉은 포도를 으깨서(압착 과정) 포도 껍질을 제거하되 약간의 장밋빛을 얻는다. 두 번째 방법은 포도를 으깬 후 포도 껍질을 짧은 시간 동안 담가두어(침용 과정) 붉은

경제로 본 와인

Viniflhor(프랑스 국립 와인 사무국) 2007년 5월 통계

면적 오늘날 전 세계의 포도 재배지는 8백만 헥타르에 달한다. 전체 재배지의 15퍼센트를 차지하면서 1위에 오른 스페인에 이어 프랑스는 이태리와 함께 11퍼센트를 차지하며 2위를 기록했다. 미국과 중국은 각각 5퍼센트를 차지한다. 호주, 칠레, 아르헨티나는 각각 2퍼센트 정도다.

생산 프랑스는 연간 5천7백만 헥토리터의 와인을 생산하여 단연 1위를 차지한다. 5천3백만 헥토리터를 생산하는 이태리, 4천3천만 헥토리터를 생산하는 스페인, 2천만 헥토리터를 생산하는 미국이 그 뒤를 따른다. 참고로 호주는 1천3백만 헥토리터, 칠레는 6백만 헥토리터의 와인을 생산한다.

수출 이태리가 세계 와인 시장의 20퍼센트를 점유하면서 수출국 1위다. 뒤이어 프랑스가 18퍼센트, 스페인 17퍼센트, 남미(칠레와 아르헨티나)가 9퍼센트를 차지한다.
그러나 최근의 시장 동향을 보면 기존의 대표 수출국(프랑스, 이태리, 스페인, 독일, 포르투갈)의 점유율이 10년 전 75퍼센트에서 현재 62퍼센트로 감소하였다. 반면 신세계 국가(아르헨티나, 칠레, 남아공, 호주, 뉴질랜드, 미국)의 비중은 같은 기간 8퍼센트에서 27퍼센트로 크게 증가하였다.

소비 2006년도 수치를 기준으로 보자면 세계 제1위 와인 소비국은 역시 프랑스다. 프랑스는 1인당 연간 소비량이 55리터에 달한다. 그밖의 나라들의 1인당 연간 소비량을 살펴보자면, 이태리 49리터, 스페인 35리터, 독일 25리터, 미국 10리터, 일본 2.5리터, 한국 0.5리터 정도다.

색을 얻는다. 이렇게 하면 껍질의 타닌이 소량만 포도즙에 들어가기 때문에 옅은 장밋빛 와인이 되는 것이다. 세 번째는 레드 와인과 화이트 와인을 섞는 방법인데, 이는 법적으로 제한되어 프랑스 샹파뉴^{Champagne} 지역의 로제 샴페인을 만들 때에만 허용된다.

와인을 만드는 자연과 사람

와인의 품질에 크게 영향을 미치는 요인은 마치 다르타냥과 삼총사처럼 "하나를 위한 모두, 모두를 위한 하나"와 같다. 다음의 네 가지 요소들이 함께 어우러져 잘 조화를 이룰 때 최상의 와인이 탄생되는 것이다.

IDA DAUSSY TIP
와인과 김치

물론 와인은 음료이고, 김치는 음식이다.
그러나 둘 다 발효식품이라는 공통점이 있다.
한국에서는 각 지방별로 특색 있는 김치를 만들어 낸다.
설령 같은 지방에서 같은 김치를 담그더라도 집집마다 맛이 다르다.
재료, 요리법, 전통, 계절 혹은 담근 해에 따라서 다른 맛을 내는 것이다.
이렇게 무수히 다른 김치 속에서 한국인들은 자신의 입맛에 딱맞는 김치를 바로 찾아낸다.
와인도 마찬가지다. 똑같은 포도를 사용해도 품종, 테루아르, 기후, 비법에 따라서
와인의 맛은 미묘하게 달라지고, 각 와인마다 자기만의 신도를 만들어낸다.
여러분도 자신에게 가장 잘 맞는 와인을 직접 골라보기를……

테루아르(terroir, 토양) 땅 그리고 그 주변 환경, 산이나 강이 가장 중요하다. 최상의 테루아르는 조약돌, 자갈, 모래가 많이 섞여 배수가 잘 되고, 햇빛을 충분히 받으면서 척박한 토양이다. 토양에 영양분이 없어야 포도나무 뿌리가 영양분을 찾아서 더욱 깊숙이 내려가게 되고 그러면 깊은 땅 속 미네랄 등이 많이 함유되고 영양분이 더욱 농축된 품질 좋은 포도가 생산된다. 그렇기 때문에 아무 곳에서나 와인을 만들 수 없는 것이다!

기후 해양성 온대 기후로 강우량이 과하지 않으면서 포도나무의 생장 주기와 겨울 휴면기가 원활하게 이루어질 수 있어야 한다. 한국에서 포도 재배를 할 때 가장 큰 장애물을 꼽으라면 기후일 것이다. 여름에 습도가 높고, 강우량이 많기 때문이다.

포도 품종 포도의 품종은 와인의 '개성'을 만든다.

사람 사람은 포도나무를 보살피고 키우는 기술자이자 두뇌이고, 매니저이자 지휘자다.

   그렇다면 와인 생산에 있어서 최대의 적은 무엇일까.

너무 높은 생산성 포도 수확량이 적더라도 맛과 향이 농축되는 편이 낫다.

너무 많은 수분 수분이 과하면 포도를 희석시킨다.

덜 익은 포도 기후가 무엇보다 결정적 조건이다. 물론 수확 시기를 결정하는 판단력 역시 중요하다.

   이런 요인들을 살펴봤을 때, 지중해 연안이 세계 포도 재배의 발상지가 된 것은 우연이 아니다. 동일한 포도 품종과 양조 방식을 사용했을 때 유럽 와인이 신세계(New World, 비유럽권, 구체적으로 미국과 호주 대륙 등 와인 신흥 생산국을 통칭함) 와인에 비해 더 섬세하고 우아하다는 것은 인정해야 할 것이다(이렇게 말하면 반대하는 사람도 있을 수 있겠지만 어쩔 수 없다). 가장 큰 요인은 기후다. 이 지역은 여름이 길고 일교차가 심하다. 그 덕분에 포도가 오랫동안 성숙할 수 있는 반면 껍질 속에 함유된 아로마 물질과 타닌이 마르지 않는다. 그래서 섬세한 와인이 만들어지는 것이다.

와인 잡학 사전

프렌치 패러독스   1990년대에 들어서야 미국인들은 그 유명한 프렌치 패러독스를 발견하게 된다. 당시 이루어진 심혈관계 사망률에 관한 연구들에 의하면 프랑스, 이태리, 그리스처럼 와인을 많이 마시는 국가에서는 관상동맥질환 관련 사망률이 영미 국가나 북유럽 국가에 비해서 현저히 낮게 나타났던 것이다. 포화 지방, 유제품, 과일과 채소, 와인 등 네 가지 요인 중 와인이 프렌치 패러독스의 결정적 원인으로 드러났다.

1992년 미국의 저널에 발표된 어느 프랑스 박사의 연구 결과 역시 심혈관계 질환으로 인한 사망률이 프랑스가 세계에서 가장 낮은 것으로 나타났다. 크루아상, 버터, 크림, 푸아그라 등 프랑스 음식들은 맛은 있지만 매우 기름져서 순환계 질병을 유발할 수 있다. 그런데 연구 결과에 따르면 와인을 규칙적으로 적당량(하루에 남성은 20g, 여성은 10~20g 정도)을 마시면 와인의 항산화제와 항응고제 성분이 '나쁜 지방'의 피해를 줄여준다고 한다.

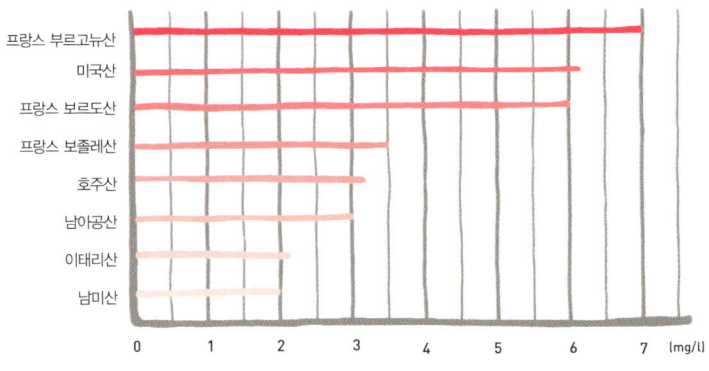

나라·지역별 와인 안에 함유된 폴리페놀의 평균 비율

　이뿐이 아니다. 비타민과 미네랄이 풍부한 와인은 스트레스를 억제하고, 소화를 도우며, 항박테리아와 노화 방지의 효과가 있다. 와인의 타닌은 헤르페스와 같은 바이러스를 예방한다고 알려져 있으며, 세포의 노화를 촉진시키는 활성화 신소를 억제하는 폴리페놀 넉분에 강력한 항산화 효과 또한 자랑한다. 나이가 들면서 항산화 효소가 줄어들게 되는데 이때 건강하고 균형 잡힌 식단으로 폴리페놀이나 베타카로틴 혹은 비타민 C나 E를 공급해주는 것이 좋다.

　자, 그렇다면 와인을 마시자! 기왕이면 화이트 와인보다는 폴리페놀 함유율이 열 배 높은 레드 와인으로 마셔보자!

와인과 암　알코올을 지나치게 섭취하면 건강에 좋지 않고 암 발생률을 높인다는 사실은 누구나 알고 있다. 하지만 앞에서 살펴봤듯이 와인을

위스키(40°)
한 잔

소주(25°)
두세 잔

청하(15°)
서너 잔

와인(12°)
두세 잔

맥주(6°)
한두 잔

알코올 종류별 적정량

하루 한두 잔 정도 적당히 마시면 오히려 건강에 이로운 역할을 한다. 심장 질환, 당뇨, 뇌혈관계 질병이나 일부 암을 예방하는 것이 확인되었기 때문이다.

뉴욕대학교의 앤더슨 박사 연구팀에 의하면, 적당한 양의 레드 와인을 마시는 사람들은 암으로 진행될 수 있는 결장직장 종양의 발생률이 적은 것으로 나타났다(미국위장병학 저널에 발표). 50세 이상의 성인 남녀 1천7백 명을 대상으로 진행된 이 연구 결과에 의하면 종양 발생 환자 중 10퍼센트는 술을 전혀 마시지 않는 사람, 9퍼센트는 화이트 와인을 마시는 사람, 단지 3퍼센트만이 레드 와인을 마시는 사람들이었다고 한다.

물론 이런 연구들이 절대적인 것은 아니다. 다만 레드 와인에 많이 함유된 폴리페놀 성분 중에서도 레스베라트롤이 암으로 변질될 수 있는 종양의 발생률을 줄이고 염증의 위험을 줄이는 것으로 나타났다.

와인과 알코올 도수 적당한 알코올 양이란 각자의 체중, 음주시 건강 상태 혹은 정신 상태에 따라 물론 달라진다. 키가 작고 날씬할수록(여성들은 주의해야 할 듯!), 그리고 공복일수록 더 빨리 취할 수 있으니 이 사실을 염두에 둬야 한다. 개인에 따라 편차는 있겠지만 술 종류에 따라 적정량을 지키면 뒷탈 없는 술자리가 될 것이다.

와인과 열량 신들의 음료라고 해도 와인에는 열량이 들어 있다. 우리의 신체는 알코올을 분해하면서 에너지를 만들어내고 지방으로 변화시킨다. 알코올은 잘 알려져 있듯이 살을 찌게 할 수 있다. 와인은 다른 알코올에 비해 상대적으로 열량이 높지는 않지만, 그래도 과음하지는 말 것!

와인에 황이 들어 있다? 와인은 자연 그 자체라고 나는 늘상 강조해왔다. 그런데 와인에 황이 들어간다니 이건 대체 무슨 소리일까? 와인의 라벨을 보면 주로 뒤쪽 라벨에 아황산 함유 표시를 찾을 수 있을 것이다. 아황산은 원산국의 규정에 따라 라벨에 아황산 함유 표시를 하게 되어 있다. 사

알코올 종류별 100ml당 열량(단위 : Kcal)

실 아황산 첨가가 명시되어 있지 않은 경우라도 100퍼센트 유기농 와인이 아니라면 양조 과정에서 아황산이 반드시 사용되기 마련이다.

와인 양조에서 병입까지 아황산은 빼놓을 수 없다. 아황산은 와인을 보호하는 강력한 항산화제와 항박테리아제의 역할을 한다. 때문에 산화를 방지하고 미생물 증식을 방지하기 위해 포도즙에 아황산을 첨가하게 되는 것이다. 또한 발효를 위해 침용 시에도 사용한다. 와인 양조자들은 와인의 보존성을 높이기 위해서 통 안에서 적은 양의 아황산을 태운 후에 와인을 담는다. 오래 전부터 오늘날까지 양조 과정에서 아황산을 대신할 수 있는 것은 없다. 대신 아황산에 대한 관련 규정은 매우 엄격하기 때문에, 양조자들은 아황산을 첨가할 때 이런 엄격한 규칙에 따라 제한된 양을 신중하게 조절한다.

유기농 와인 중에서는 아황산이 전혀 첨가되지 않은 것들도 있다. 그러나 아황산이 안 들어 있다고 안심할 수 있는 것은 아니다. 이런 와인의 경우, 시간이 얼마 지나지 않아서 노화되기 쉽고, 불안정하여 움직임이나 빛 또는 열에 민감하게 반응할 수 있기 때문이다. 때문에 아황산이 안 들어 있는 와인은 아차 하는 순간에 병 속에서 재발효되거나 식초로 변할 수 있다. 양조 과정에서 첨가되는 아황산의 양은 허용치를 훨씬 밑돌기 때문에 걱정하지 않고 마셔도 된다.

와인에서 발암물질이 발견되었다! 지난 2007년 가을, 와인과 관련하여 한국에서 논란이 일었다. 와인에서 에틸카바메이트Ethyl Carbamate 라는 발암물질이 발견되었다는 것이었다. 특이하면서도 과학적인 발음 때문인지 사람들은 겁을 먹었다. 그러나 몇 주 지나지 않아 이 소동은 잠잠해졌다.

에틸카바메이트는 빵, 요구르트, 치즈, 김치, 된장 등과 같은 발효 식품과 와인과 알코올과 같은 발효 음료에 함유되어 있는 자연 성분이다. 섭취량이 많으면 인체에 해를 끼칠 수 있겠지만, 한국을 포함하여 WHO와 FAO에서 2005년에 진행한 국제 연구에 의하면 사람들의 일일 섭취량은 건강에 해를 끼치는 위험 수준을 훨씬 밑도는 것으로 나타났다. 또한 와인은 항암 효과로도 널리 알려지지 않았는가.

만약 에틸카바메이트가 정말 인체에 해가 되는 위험한 성분이었다면, 그토록 오랫동안 와인을 마셔댄 서양인들은 지금쯤 사라졌을 테고, 전 지구가 암으로 고생하고 있을 것이다. 그러니 걱정하지 않아도 될 듯.

IDA DAUSSY TIP
건강에 좋은 와인

고대부터 와인은 약으로 쓰였다.
의학의 아버지인 히포크라테스조차 "와인 적당량을
가끔씩 마시면 많은 병을 예방할 수 있고
건강을 관리할 수 있다"고 말한 바 있다.
르네상스 시대, 라블레(Rablais, 프랑스의 고전작가)는
"포도의 즙은 정신과 분별력을 명확하게 해준다"고 말했다.
몽테뉴는 그라브 와인으로 신장 결석을 치료하기도 했다.
면역학의 창시자 파스퇴르는
"와인은 최고의 건강 음료다"라고 말했다.

와인은 몸과 마음을 지키는 건강 음료!

WINE
FREEDOM
SHARE
HAPPINESS

와인에 담긴 인생의 지혜

와인의 재발견

와인을 사랑하며, 언제나 끊임없는 호기심을 가지고 와인을 즐기는 현재의 내 모습은 어렸을 때에는 상상조차 못했던 일이었다. 어린 시절, 나는 친척 어른들이 질 나쁜 싸구려 와인이나 당시 사회를 좀먹던 알코올 중독에 대해서 비판하는 소리를 들으며 자랐다. 와인은 지금처럼 고상한 이미지도 아니었고, 더군다나 '삶의 멋'으로 인식되는 일도 없었다.

　태초의 문명이 시작된 고대 이집트 시대, 그때 이미 사람들은 대추야자 술, 맥주 등 발효 음료의 효능과 살균 효과에 대해 알고 있었다. 고대 그리스에 이르러서는 와인의 신인 디오니소스를 숭배하면서 와인이 '신들의 음료'로 격상되었다. 신들을 숭배하는 마음이 커질수록 와인의 소비 역시 크게 늘었다. 후에 로마인들은 디오니소스를 바쿠스로 대체하였고, 와인의 생산과 무역은 로마 제국의 역사와 함께했다. 이렇듯 와인은 '신들의 음료'로 그리스인들과 로마인들에게 절대적인 사랑을 받았다. 이후, 이교도의 음료였던 와인은 기독교의 역사와 나란히 길을 같이하게 된다. 중세 시대부터 교회가 포도 재배에 절대적인 영향을 끼치게 되었던 것이다. 수도사들은 포도를 재배하였고, 심지어 와인은 '예수 그리스도의 피'가 되기에 이르렀다. 꼬마 때 나는 성당에서 신부님이 밀떡과 와인을 축성한 후 나눠주며 "이는 내 살이요, 내 피이니라"라고 말하는 것을 들을 때마다 '우웩, 와인이 피란 말이야?' 하고 생각하곤 했다.

르네상스 시기는 와인의 전성기였다. 12~13세기경에 이미 그랑 크뤼가 처음 등장하는 반면, 저가의 저급 와인도 대량 생산되었다. 값싼 저급 와인은 당연히 서민들이 주로 마시는 일반적인 음료가 되었다.

파스퇴르는 "와인야말로 가장 깨끗한 음료"라고 말한 바 있지만 와인 역시 술임은 분명하다. 19세기 들어 교회를 필두로 알코올 중독과 싸우게 된다. 제1차 세계대전 때에는 군인들에게 저질 와인이 대량 공급되어 프랑스는 최악의 알코올 중독 위기를 겪었다. 전쟁이 끝나고 사람들은 고통을 잊기 위해 술을 마셨으며, 20세기 중반엔 규모가 큰 금주 단체들이 생겨났다. 1970~80년대에 어린 시절을 보낸 나는, 단 한 번도 술을 잘한다는 자랑을 들은 적이 없다. 한국에서는 소주를 남들보다 많이 마시는 사람들이 술이 센 것을 자랑하기도 하고, 주변 사람들은 대단하다고 추어주기도 한다. 그러나 당시 프랑스에서는 와인을 포함한 모든 알코올이 부정적으로 인식되었다. 그리고 1991년에 공공장소에서의 흡연이 금지되고 술 광고를 제한하는 법이 발효되어서 와인 소비는 줄어들었고 관련 산업은 침체기를 맞게 되었다.

2004년, 법안이 수정되었고 마침내 와인의 침체기가 끝났다. 다시금 와인의 장점, 색, 향, 맛, 테루아르 등에 대해서 광고할 수 있게 된 것이다. 와인의 품질도 훨씬 나아지게 되면서 인기도 높아졌다. 이제 와인은 과거처럼 대량으로 소비되는 술이 아니라 고상하면서도 세련된 음료로 인식되게 되었다. 프랑스는 여전히 와인의 최대 소비국이고, 프랑스의 30대 젊은이들은 좋은 와인을 마시는 즐거움을 재발견하게 되었다. 바로 나처럼……

와인에 관한 속담과 격언들

세상이 열리고 인간이 신들의 음료, 와인을 만들기 시작하면서 와인이 인간의 삶을 더욱 풍요롭게 만들었다. 와인 속에는 삶의 지혜가 담겼을 뿐만 아니라 건강의 비결 또한 숨어 있다. 각 나라의 와인과 관련된 속담과 격언들을 살펴보면 그 사실을 더 잘 알 수 있을 것이다.

와인은 사랑을 부른다

- 와인과 사랑은 행복한 날들을 보내게 해준다. (격언)
- 오래되고 맛있는 와인, 아름다운 부인, 많은 친구들. (불가리아 속담)
- 빵과 와인이 없으면 사랑은 아무것도 아니다. (프랑스 속담)
- 와인은 남자를 다시 여자에게로 돌아오게 한다. (프랑스 여배우 아를레티 Arletty)

향이 좋은 와인은
어디에 숨겨두든 찾아낼 수 있다

와인으로 건강을 지킨다

- 피부를 위해서는 물, 활력을 위해서는 와인. (이태리 속담)
- 스프를 먹은 뒤 와인 한 잔을 마시면 의사한테서 1루블을 훔치는 것과도 같다. (러시아 속담)
- 와인이 미치는 영향을 두려워해야 하지만 늙은 의사보다는 늙은 술주정뱅이가 많다는 것은 인정해야 한다. (프랑스 영화 감독이자 배우 사샤 기트리^{Sacha Guitry})
- 와인은 최고의 건강 음료다. (루이 파스퇴르^{Louis Pasteur})

와인, 예술가의 창작 혼을 지피다

- 프랑스 국민이 최고의 선구자가 될 수 있었던 것은 마음속에 담은 와인 덕분이다. (프랑스 역사학자 쥘 미슐레^{Jules Michele})
- 맛이란 와인 속에서 최고로 구현되는 신비다. (미국 작가이자 시인 짐 해리슨^{Jim Harrison})
- 와인이 사라진다면, 이 세상과 우리의 지성에 끔찍한 공백이 생길 것이다. (샤를 보들레르^{Charles Baudelaire})
- 와인을 마셔라. 시를 마셔라. 순수를 마셔라. (샤를 보들레르)

와인, 인간 본성을 드러내다

- 약간의 와인은 사람을 더 아름답고 재치있게 만들며, 듣기 좋은 말들과 환심을 사는 말을 하게 한다. (격언)
- 와인 한잔의 힘이 소 두 마리가 끄는 힘보다 낫다(와인은 힘과 용기를

북돋아준다). (격언)

- 세 종류의 사람만이 진실을 이야기한다: 바보들, 아이들, 그리고 술 주정뱅이. (독일 속담)
- 와인은 비밀을 떠오르게 한다. (독일 속담)
- 진실은 술잔 바닥에 있다. (프랑스 속담)
- 술 한 잔에 너의 슬픔을 빠뜨리려고 하는 거니? 조심해, 슬픔은 헤엄칠 수 있으니까! (프랑스 영화 감독 이브 미랑드^Yves Mirande)
- 구두쇠를 자유인으로 만들 수 있는 와인이 얼마나 대단한 것인가. (동양 속담)
- 물에는 자신의 얼굴이 비치지만, 와인에는 다른 이의 마음이 비친다. (격언)
- 잔을 비우는 자는 마음을 비운다. (빅토르 위고^Victor Hugo)
- 물만 마시는 자는 주변인들에게 감춰야 할 비밀이 있는 자다. (샤를 보들레르)

와인도 술, 지나치면 안 된다

- 와인은 좋은 신하이나 끔찍한 주인이다. (격언)
- 홀로 술을 마신다는 것은 조금씩 죽는다는 뜻이다. (시인 루이 더보스 Louis Dubost)
- 술 취한 크리스천과 자느니 절제하는 식인종이랑 자는 것이 낫다. (미국 작가 허먼 멜빌^Herman Melville)
- 와인이 사람을 취하게 하는 것이 아니라 자기가 스스로 취하는 것

이다. (중국 속담)

- 와인에 이성을 빠뜨리려고 아무리 애를 써도 자기 고민의 원인을 빠뜨리진 못한다. (중국 속담)
- 약간의 와인은 죽음에 대한 해독제이나 많은 양의 와인은 인생의 독이다. (페르시아 속담)
- 와인은 들어가고, 이성은 나온다. (프랑스 속담)
- 아름다운 여자와 와인은 달콤한 독이다. (동양 속담)
- 탁자 위에 남기는 것이 거기에서 가져가는 것보다 더 낫다. (퀘벡 속담)
- 와인은 무죄다. 술주정뱅이만이 유죄다. (러시아 속담)
- 절제하는 남자가 머리에 담은 것을 술 취한 남자는 혀에 담고 있다. (러시아 속담)
- 술주정뱅이는 약속을 채우기보다는 술잔을 더 잘 채운다. (격언)
- 첫 잔에 사람은 와인을 마시고, 둘째 잔에 와인이 와인을 마시고, 셋째 잔부터는 와인이 사람을 마신다. (일본 속담)

좋은 와인을 찬양하다

- 좋은 와인에는 간판이 필요 없다. (프랑스 속담)
- 향 좋은 와인은 어디에 숨겨두든 찾아낼 수 있다. (중국 속담)
- 좋은 와인은 사람의 마음을 따뜻하게 한다. (라틴 속담)

와인은 인생이다

- 알자스^{Alsace} 와인 한 잔은 팔랑거리는 원피스, 봄꽃과도 같다. 인생을

환하게 밝히는 한 줄기 햇살이다. (크리스티앙 디오르^{Christian Dior})

- 우리는 죽게 되어 있다. 그래도 지금은 살아 있다. 웃자, 마시자! 그리고 나머지야 어떻게 되든……. (프랑스 작가 발자크^{Balzac})
- 목욕과 와인과 비너스는 우리의 몸을 달아오르게 한다. 이것이야말로 우리의 삶을 이루는 것이다. (라틴 속담)
- 와인이 부족하면 모든 게 다 부족한 것이다. (라틴 속담)
- 와인 없는 하루는 해가 없는 하루와도 같다. (프로방스 속담)
- 예수 그리스도는 와인을 물로 바꾸지 않고 물을 와인으로 바꿨다. (프랑스 속담)
- 와인을 마시면 잠을 잘 잔다. 잠을 자면 죄를 짓지 않을 것이다. 죄를 짓지 않으면 구원받을 것이다. 그러므로 와인을 마시면 구원받을 것이니! (바바리아 속담)
- 와인이 없는 식사는 슬픈 식사다. (격언)
- 그야말로 천사의 오줌이로구나! (좋은 와인을 말할 때 사용하는 알자스 표현)

프랑스의 배우이자 와인 애호가이며 또한 와인 생산자인 제라드 드 파르디외^{Gerard Depardieu}는 이런 말을 했다.

"와인에 대해서 많은 말을 할 수 있지만 대체적으로 입 다물고 있는 것이 낫다. 와인을 있는 그대로 즐기는 것은 어떨까? 아무런 가치 판단 없이……."

포도밭의 일 년

보르도에 공부하러 갔을 때의 일이다. 오전에는 공부하고, 오후에는 포도밭을 둘러보는 나날이었다. 그렇게 와인에 푹 빠지고 나서야 비로소 포도밭이 그 지역에서 차지하는 무게를 실감할 수 있었다. 비단 포도밭뿐일까. 모든 논과 밭이 마찬가지일 것이다. 인간은 땅에 작물을 심고 잘 기르기 위해 온갖 정성을 다한다. 그러나 결국 계절의 리듬과 기후의 변덕에 맞추지 않으면 좋은 결실을 보기 힘들다. 한 해 한 해 자연에 순응하여 울고 웃으며 농사를 짓다보면, 그 햇수만큼 노하우가 축적된다.

포도를 재배하는 농부들의 이 '노하우'가 그대로 녹아 있는 격언을 몇 개 알아보기로 하자. 대부분의 포도 재배지에서는 아직도 전통적인 방식으로 땅을 일구기 때문에 오랜 격언들이 지금도 잘 들어맞는다.

1월
비가 많이 내린 1월엔 진한 와인을 기대할 수 없다.
건조하고 화창한 1월이라면 와인 통이 가득 찬다.

2월
2월 28일 날씨가 화창하면 수확도 풍부하고 와인도 훌륭할 것이다.

3월
3월에 날씨가 건조하고 화창하면 와인 통이 가득 찬다.
이르든 늦든 적어도 3월에는 가지 쳐라.
3월에 천둥이 사라지면 빵과 와인이 사방에서 쏟아진다.

초봄이 되면 수액이 올라오면서 비로소 새싹이 움트게 된다. 비가 적당히 내리면 아주 좋다.

4월

4월에 날씨가 추우면 와인과 빵이 풍부하다.
4월에 비가 내리면 와인 저장 창고와 통이 가득 찬다.

5월

5월에 싹이 나면 양조장이 싱거운 와인으로 가득 찬다.
5월의 와인은 양조장의 막와인.

5월에 싹이 난다면 너무 늦은 것이다. 5월 말 혹은 6월 초면 개화가 시작되고, 기후 조건이 좋다면 꽃에서 과실로 변하는 결실이 이루어진다. 날씨가 안 좋은 경우에는 결실이 진행되지 않아서 포도가 적거나 없게 된다.

6월

6월에 날씨가 좋은 날들만큼 와인 담을 통들을 넉넉히 준비해라.
6월 16일 서리가 내리면 와인이 반으로 줄어든다.
성 요한 축일인 6월 24일에 나무에 걸려 있는 덜 익은 포도는 현금과도 같다.

7월

7월에 날씨가 좋으면 와인을 저장할 오크통을 준비해라.
7월 31일 성 제르멩 축일에 비가 오면 마치 와인이 내리는 것과 같다.

녹색이었던 포도알은 8월까지 붉은 색으로 바뀌며 성장의 막바지에 이른다. 이렇게 포도의 색이 변하는 착색 시기는 포도알에 당분이 농축되는 시기로 성숙의 초기라고 할 수 있다. 이때 비가 적당히 내리면 좋다. 그러나 수분이 너무 많으면 포도나무에 해롭다. 맛과 당분이 농축된 포도가 좋은 와인을 만든다.

8월

8월에 태풍이 있으면 포도송이가 크고 즙이 좋다.
8월에 비가 오면 꿀과 달콤한 즙이 내리는 것이다.
8월의 높은 기온은 와인에 맛을 더한다.

9월

수확하려면 적어도 9월 말까지 기다려야 한다.
9월 이슬비는 포도나무에 좋다.

가을에는 낙엽이 지기 시작하면서 포도 성장 주기가 끝나간다. 이 직전에 수확해야 한다. 그 이후에는 겨울 휴면기가 시작된다.

10월

10월 4일과 9일 사이에는 어찌 됐든 수확해라(첫 서리 전에 반드시 수확해야 한다).
10월 14일까지 남아 있는 포도는 나쁜 와인을 만든다.

11월 ~ 12월

서리 맞은 포도나무
수확된 포도나무

겨울 동안 포도밭은 '휴면기'에 들어가게 된다. 포도 묘목은 겨울의 한파와 서리를 견딜 만큼 튼튼한 식물이지만, 강수량이 많으면 안 된다. 물이 와인을 희석하기 때문이다.

WINE

BONJOUR

CABERNET SAUVIGNON

MALBEC

PALOMINO

VIOGNIER

STORY **TWO** 와인, 어떻게 고를까?

라벨은 와인의 간판

프랑스인과 와인 라벨

프랑스인이라고 해서 와인의 라벨만 보고 그 와인의 모든 것을 알 수 있는 것은 아니다. 나 역시 보르도 와인 스쿨을 다니기 전까지는 라벨을 봐도 대충 짐작만 할 뿐이었다. 특히 프랑스 라벨을 포함한 유럽 라벨의 경우가 그랬다. 시음노 할 수 없는 상황에서 모르는 브랜드가 붙어 있는 와인 병 앞에서는 주저할 수밖에 없었다.

와인 라벨은 왜 이리 까다로울까? 유럽의 경우에는 의무 명시 조항에 따라 국가별 와인 등급, 용량, 알코올 도수, 일련번호, 생산자 명, 수입자 명까지 많은 정보가 라벨에 표기된다. 여기에 병 뒤쪽 라벨에 표기되는 정보까지 포함하면 초보 소비자는 헤맬 수밖에 없다. 정보를 너무 자세하게 알려주다 보니 오히려 혼란을 조장하게 된 것이다.

2005년 프랑스의 국립와인사무국(ONIVINS)에서 시행한 조사에 의

하면 프랑스인들 중 58퍼센트만이 AOC(원산지 통제 명칭)의 의미를 알고 있다고 한다. 가장 많이 언급된 것이 보르도와 코트뒤론^{Côtes-du-Rhône} 지역이었고, 응답자 중 20퍼센트 미만만이 간신히 이름 몇 개를 아는 정도였다. 뱅 드 페이(지방 명칭 와인)의 경우 뱅 드 로드^{Vin de l' Aude}, 뱅 드 레로^{Vin de l' Herault}, 품종의 경우엔 메를로^{Merlot}와 카베르네 소비뇽^{Cabernet Sauvignon} 정도만을 가장 많이 언급했다. 그리고 와인 브랜드의 경우에는 80퍼센트를 넘는 사람들이 아무런 브랜드도 대지 못했다고 한다. 믿기 어려운 결과다. 프랑스인들도 이 정도니 와인에 대해 아는 게 없다고 생각하는 한국인들은 안심해도 좋다!

와인 자체가 쉽지 않은 주제인데, 와인의 신분증이라 할 수 있는 라벨이 도통 알 수 없는 내용이라면 소비자는 당황하게 된다. 게다가 시음해볼 수도 없고, 옆에서 조언해줄 사람도 없는 상황이라면 빈손으로 돌아서게 될지도 모른다.

마케팅 전문가들은 한결같이 라벨은 와인의 옷으로, 그 와인을 마시고픈 욕구가 들게 해야 한다고 입을 모은다. 그렇지만 '옷'의 정보를 이해 못한다면 사람들은 결국 그 '옷'의 분위기로 와인을 구매하게 될 것이다. 뭐가 뭔지 잘 모르겠지만 왠지 그냥 마음에 드는 예쁜 라벨이라면 그 와인을 구입하는 것이다. 전 세계 많은 와인 애호가들이 그렇듯이 프랑스인들도 멋진 라벨을 구입 기준으로 삼는 경우가 많다.

그렇다면 도대체 멋진 라벨이란 무엇일까? 보르도에 있을 때 이 문제에 대해서 전문가들과 이야기해볼 기회가 많았다. 그들에 따르면 나라나 문화에 따라 라벨에 대한 취향도 상당히 다르다고 한다. 또한 나이가 있는 사람들은 대개 라벨의 전통과 고전적인 멋을 중시하는 반면, 젊은이들은 미국이나 호주 같은 신세계 와인 라벨처럼 상징적이고 단순한 모양에 알아보기 쉬운 정보들을 담아 라벨을 만들기를 원했다. 사실 새로운 라벨을 만들고자 하는 시도는 이미 여러 차례 있었다. 틀에 박힌 모양에서 벗어나 브랜드의 심볼을 크게 넣는 등 단순하면서도 독특하고 현대적인 라벨들이 선보였지만, 소비자들이 오히려 이를 선뜻 받아들이지 못했다.

마케팅 컨설팅 회사인 페보스(www.phebos.fr)의 2005년도 연구에 따르면, 프랑스인은 대체적으로 보수적이며 와인 라벨에 그 와인의 고귀함이 드러나길 기대한다고 한다. 남녀노소를 불문하고 프랑스인 300명을 대상으로 한 이 연구는 프랑스 라벨 50개, 그 외 나라들의 라벨 50개 등 100개의 라벨을 분석한 것으로 상당히 흥미로운 결과를 보여줬다. 참가자들은 시음 없이 라벨만을 보고 구매하고 싶은 와인을 골랐다. 오직 눈과 마음이 이끄는 대로 고른 것이다. 그런데 놀랍게도 응답자 대부분이 같은 대답을 했다. 거의 모든 응답자들이 선택한 상위 열두 와인은 전통적인 라벨로 '오래 숙성시켜서 마셔야 할 것 같은' 분위기를 풍기는 것들이었다.

한국이라면 아마도 다른 결과가 나왔을지도 모른다. 내가 경험한 바로는 한국인들은 클래식한 라벨을 좋아하긴 하지만 신세계 와인 라벨의 세련된 디자인도 상당히 선호하는 것 같았다. 한국인들이 좋아하는 라벨 분위기를 몇 단어로 설명하자면, 세련됨, 품격, 럭셔리쯤 될 것 같다.

결론적으로 라벨은 혁명적으로 바꾸어서도 안 되고, 그렇다고 획일화해서도 안 된다는 것이 전문가들의 의견이다. 라벨은 와인의 간판이므로, 그 와인의 성격과 목표로 하는 시장에 따라 적절하게 디자인되어야 하는 것이다. 훌륭한 그랑 크뤼도 잘못된 라벨로 인해 신뢰성을 잃을 수도 있고, 반대로 평범한 와인이라도 소비자들의 취향에 맞는 멋진 라벨 덕에 판매가 급증할 수 있다.

어쨌든 가장 이상적인 것은, 제대로 정보를 수집하고 자주 시음해서 좋은 와인을 감별할 수 있는 자신만의 능력을 키우는 것이다. 라벨에 대한 느낌은 주관적인 것이므로 자신감을 갖고 다양한 와인들을 마셔 보자. 상테!

나라별 와인 라벨 읽기

와인 라벨은 와인의 신분증과도 같아서 와인을 선택하는 데 필요한 다양한 정보들을 담고 있다. 그뿐만 아니라 국가로서는 그 와인이 현행 법규에 합치되는지 확인할 수 있는 수단이 된다. 생산자나 네고시앙의 경우에는 소비자가 자신의 와인을 구매하도록 유인하는 커뮤니케이션 수단이자 마케팅 방법도 된다. 다만 아쉬운 것은 라벨이 각 국가별로 다른 법규가 적용되기 때문에 제각각 다르단 것이다. 바로 이 점 때문에 많은 와인 초보자들이 라벨 앞에서 고민할 수밖에 없는 것이다. 그렇다면 국가별로 다양한 라벨의 예를 살펴보기로 하자.

프랑스 와인 라벨 읽기

프랑스의 와인 라벨은 대체적으로 전통적인 형식을 따른다. 아름다운 대문자가 가득한 우아한 글씨체를 자랑하며, 샤토(Château, 프랑스의 성이나 큰 별장. 대부분 주인이 아직도 살고 있고, 그곳에 들르면 하룻밤 묵어갈 수도 있다)의 그림으로 장식된 것들이 많다. 오랜 전통을 느낄 수는 있지만 너무 전형적이라고 할 수도 있을 것이다. 하지만 뛰어난 독창성과 창의력을 보여주는 경우도 있다. 당대의 유명한 화가들에게 작품을 의뢰하여 라벨을 꾸미는 샤토 무통 로칠드Château Mouton Rothschild가 그 좋은 예다.

하지만 전 세계의 와인 애호가들에게는 아직도 전통적인 프랑스 와인 라벨에 대한 고정관념이 뿌리박혀서 현대적인 새로운 라벨들을 냉대하기 일쑤다. 이들은 와인을 마셔보기도 전에 라벨만 보고 '프랑스 전통과는 동떨어져 있다'며 외면한다니 참으로 애석한 일이다.

샤갈   피카소   앤디 워홀

샤토 무통 로칠드의 라벨들

지금 우리에게 시급한 것은 와인 라벨을 이해하는 것이다. 전통적이든 현대적이든 휩쓸리지 말고 차근차근 익혀보자.

프랑스 와인 라벨에는 대체로 다음과 같이 여덟 가지 요소들이 표시되어 있다.

① 용량
② 알코올 도수
③ 빈티지
④ 브랜드
⑤ 생산지 병입 문구
⑥ 프랑스 와인 등급
⑦ 지역별 와인 등급
⑧ 생산국

1. 용량 750ml

2. 알코올 도수 13도

3. 빈티지 1996. 그 와인을 만든 포도를 수확한 연도를 뜻한다.

4. 샤토, 도멘 혹은 소유주나 네고시앙의 브랜드 Cos d' Estournel(코 데스트루넬).

샤토 비외마이에Château Vieux-maillet, 도멘 프라츠Domaine Prats, 메종 두르트 Maison Dourthe, 메종 조르주 뒤뵈프Maison Georges Duboeuf …… 이 모든 것들이 다 브랜드다.

5. 생산지 병입 문구 와인 생산의 마지막 단계로, 양조가 끝난 와인을 병에 담는 과정인 '병입', 그 병입한 장소를 나타내는 문구인 'Mis en Bouteille au Château(미 장 부테이유 오 샤토)'는 포도를 재배하고 와인을 양조한 장소인 그 샤토에서 병입까지 마쳤다는 뜻이다. 생산 장소(좁은 범위)에서 바로 병입되지 않고 생산된 지방(넓은 범위)에서 병입되었다 면 와인을 이동시켰다는 것을 의미한다. 병입 전에 이동이 적으면 적을 수록 더 좋은 와인이다.

6. 프랑스 와인 등급 와인을 선택하는 데 소중한 정보다. 프랑스에서는 와 인을 다음의 네 범주로 분류한다.

– 원산지 통제 명칭 와인, AOCAppellation d'Origine Contrôlée 예시된 와인처럼 'Appellation Saint-Éstephe Contrôlée(아펠라시용 생테스테프 콩트롤레)' 리고 적혀 있는 와인의 경우엔 생테스테프가 원산시나. 마찬가지로 'Appellation Médoc Contrôlée(아펠라시용 메독 콩트롤레)'의 경우 원산 지는 메독이 된다. 여기서도 역시 명시된 지역이 좁은 지역일수록 그 지역 내에서 엄격하게 통제되어 만들어지는 와인이므로 고급 와인이 라고 할 수 있다.

AOC 와인은 포도 품종 선정 등에 있어서 엄격한 생산 규칙이 적용 된다. 해당 기관(프랑스 국립원산지명칭연구소, INAO)의 승인을 거친 제품이라는 증명서이기도 하다. AOC 와인은 상당히 비싼 와인이 있는가 하면 상대적으로 저렴한 와인도 있다. 가격은 대개 품질에 따라 정해지기 마련이기 때문이다. 어쨌든 AOC 와인이라고 해도 제법 흥미로운 가격에 얼마든지 구매할 수 있다. 숨은 보배를 찾아내기만 하면 되는 것이다.

— 우수품질 범위제한 와인, VDQS ^{Vin Délimité de Qualité Supérieure} AOC만큼 명망 있는 포도 생산지는 아니다(AOC에 비해 조금 넓게 지역을 구분한다).

— 지방 명칭 와인, Vin de Pays 'Vin de Pays (뱅 드 페이)' 문구 뒤에 지방 명칭이 붙는다. 예를 들어 'Vin de Pays d'Oc(뱅 드 페이 독)'이라고 쓰여 있는 와인의 경우 프랑스 남부 지방에서 생산된 와인임을 나타낸다. AOC에 비해서는 VDQS와 지방 명칭 와인의 가격이 조금 저렴하다. 그러나 품질 면에서는 비슷하거나 간혹 더 맛이 좋은 경우도 있다.

— 테이블 와인, Vin de Table 가장 저렴한 와인이다. 프랑스 혹은 유럽공동체 테이블 와인일 수 있다.

7. 지역별 와인 등급 이제 상황이 조금 복잡해진다. 일반적으로 등급을 받은 와인은 가격이 상당히 비싸지는데, 각 지역에 따라 다양한 등급제가 존재한다. 1855년 메독 등급, 생테밀리옹 등급, 그라브 등급, 부르고뉴 등급 등이 있는데 각각 기준과 형식이 달라 상당히 까다롭다. 대체적으로 우수한 품질을 보장해주는 라벨이기는 하지만 메독과 소테른의 경우 처음 제도가 도입된 이후 한 번도 검토 작업이 이루어지지 않았다는 점을 감안해보면 일부 등급 와인의 품질에 대해서 재고해볼 여지가 있다.

8. 생산국 수출하는 제품의 경우, 의무적으로 '프랑스 ^{Made in France}'라고 명시된다.

이태리 와인 라벨 읽기

1. 용량
2. 알코올 도수
3. 빈티지
4. 브랜드
5. 생산지 병입 문구
6. 이태리 와인 등급
7. 와인 스타일
8. 생산국

1. 봉량 /5cl은 750ml를 뜻한다.

2. 알코올 도수 13도

3. 빈티지 1999

4. 브랜드 Castellare(카스텔라레)

5. 생산지 병입 문구 프랑스의 샤토에 해당하는 생산지로 사용되는 단어는 Fattoria, Podere(위 라벨에서는 Poderi로 표기됨), Tenuta, Azienda agricola 등이고, 이 경우 대개 포도 생산자가 자신의 소유지에서 직접 와인을 병입한다. 전문 포도 재배지는 Vigna, Vigneto로, 조합의 경우에는 Cantina

Sociale로 표기된다.

6. 이태리 와인 등급 프랑스와 마찬가지로 다음과 같은 품질 등급이 있다.

  – DOCG Denominazione di Origine Controllata e Garantita 최고급 와인으로 엄격한 생

  산 규칙이 있다.

  – DOC Denomination de Origine Controllata 고급 와인을 말한다.

  – IGT Indicazione Geografica Tipica 범위가 제한된 특정 원산지의 와인의 표기다.

  – Vino de Tavola 프랑스의 테이블 와인에 해당한다.

7. 와인 스타일

  Riservo | Vecchio : DOC와 DOCG 등급의 고급 와인 스타일로 일반적인
  와인들보다 더 오래 와인병이나 오크통에서 숙성됐다는 뜻이다.

  Superiore : 보통 와인보다 알코올 도수가 높은 와인이다.

  Classico : 그림의 라벨이 이에 해당한다. 특정 역사적 장소를 말하는
  데 여기에서는 키안티라고 쓰여 있다. 보통 이태리 와인의 라벨에서
  가장 흔한 두 경우는 예시된 라벨처럼 지역명과 와인 스타일로 이루
  어진 이름으로 '키안티 클라시코'라고 알면 되고, 두 번째 경우는 한
  국에서 인기 많은 와인인 '모스카토 다스티Moscato d' Asti'처럼 품종명
  (모스카토)와 지역명(아스티)임을 이해하면 된다. 그 외에도 Novello
  는 새로움, Secco는 드라이 와인, Abboccato는 세미 스위트 와인,
  Amabile는 스위트 와인, Liquoroso는 주정강화(브랜디 등을 첨가해 알
  코올을 강화했다는 뜻) 와인, Frizzante는 약한 스파클링(sparkling, 발포
  성) 와인, Spumante는 스파클링 와인을 뜻한다.

8. 생산국 이태리Italia

미국 와인 라벨 읽기

1 빈티지
2 브랜드
3 원산지
4 품종

1. 빈티지 2005. 그 해에 수확된 포도가 95퍼센트 이상 들어 있다는 의미다.

2. 브랜드 Kendall Jackson(켄달 잭슨). 와인 생산자나 포도 농장의 이름, 혹은 상업 브랜드 명이 표시된다. 그리고 그 밑에 '리저브Reserve'나 '셀렉션Selection' 같은 고급스러움을 표현하는 단어를 넣기도 한다.

3. 원산지 Sonoma County(미국 캘리포니아의 소노마 카운티). 원산지인 주 혹은 군으로 표기된다. 정확하게 비율이 명시되지 않은 경우엔 해당 지역에서 생산된 포도가 75~85퍼센트 들어 있다고 보면 된다. 단, 오리건 주의 경우 100퍼센트 오리건 주에서 생산된 포도만을 사용한다.

4. 품종 명시된 포도 품종이 적어도 75퍼센트 함유되었음을 의미한다(단, 오리건 주의 경우 90퍼센트). 보르도 와인처럼 블렌딩 와인도 많다.

　그밖에 와인병 뒤쪽 라벨에 아황산 함유, 과음 경고문 같은 의무 사항이 명시된다. 알코올 도수도 뒤쪽 라벨에 쓰여 있는 경우도 있다.

칠레 와인 라벨 읽기

1 빈티지
2 브랜드
3 품종
4 와인 스타일
5 원산지
6 병입 장소
7 생산국

1. 빈티지 2003

2. 브랜드 Montes Alpha(몬테스 알파)

3. 품종 Syrah(시라). 칠레 와인은 대체로 단일품종으로 만들어진다.

4. 와인 스타일 예시된 라벨의 경우 프랑스 오크통에서 숙성했다는 뜻이다.

5. 원산지 콜차구아 밸리

6. 병입 장소 해당 와이너리 안에서 병입되었다.

7. 생산국 칠레

그밖에 프랑스 와인보다는 대체적으로 높은 알코올 도수와 용량도 표시된다. 예시된 라벨의 경우 이 정보는 뒤쪽 라벨에 명시되어 있다. 신세계 와인 라벨들이 대체적으로 그렇듯 칠레 라벨도 단순해서 이해하기가 쉬우며 예쁘게 장식되어 있다.

빈티지 효과

빈티지란 그 와인을 만든 포도를 생산한 해를 의미하는 것이다. 매년 출시되는 것이 아니라 특별한 해에만 출시되는 와인을 빈티지 와인이라고 부르기도 하는데, 이는 당연히 최고의 와인을 만드는 최적의 기후 조건에서 생산된 와인이다. 맛이 뛰어난 포도를 얻기 위해서는 수확 직전과 수확 기간을 포함하여 1년 내내 완벽한 기후여야 한다.

칠레나 호주처럼 따뜻하고 일정한 기후를 갖는 신세계 국가의 경우 언제나 품질이 일정한 와인을 얻을 수 있다. 그러나 온대 기후에 속하는 프랑스와 그 외 여러 나라들의 경우 변덕스러운 환경 때문에 가뭄, 서리, 폭우 등 극단적인 기후 변화가 일어난다. 따라서 그해의 기후에 따라 와인의 품질이 좋아지거나 나빠질 수 있는 것이다. 한 나라 안에서도 지역에 따라 날씨가 다르기 때문에 보르도에서 유명한 빈티지 와인이 생산된 해라도 부르고뉴(Bourgogne, 영어로는 버건디Burgundy) 같은 다른 지방에서도 그러리라는 보장은 없다.

현내에 와서는 양소 기술이 발달하여 품질이 별로 좋지 않은 빈티지의 결함도 어느 정도는 보완이 가능해졌지만, 이는 제한적일 뿐 결정적인 역할을 하는 것은 결국 위대한 자연이다. 아마도 그래서 와인을 '신들의 음료'라고 부르는 게 아닐까?

어쨌든 그해 기후 조건이 유리하면 좋은 빈티지로 인정받고 가격도 훌쩍 뛴다. 최상의 빈티지가 나올 것 같은 기후 조건이라면 와인이 시장에 나오기도 전에 이미 가격은 하늘 높은 줄 모르고 올라간다. 와인 시장에도 '선물'이 있으며, 와인도 투자 대상이므로 '투기'가 존재한다.

빈티지 와인은 대체로 10년에서 20년 정도 숙성시킨 뒤에 마시면 깊은 맛을 낸다. 이렇게 장기간 숙성시킨 올드old 빈티지 와인을 저렴하게 즐기고 싶다면 좋은 방법이 있다. 작황이 좋았던 해에 생산된, 아직은 마시기에 이르기 때문에 가격도 아직 많이 오르지 않은 와인들을 구매하여 집에 있는 와인 저장고에 보관한다. 몇 년 후 적당히 숙성됐다 싶을 때 따서 마신다. 하지만 매장에서 바로 그 빈티지의 같은 와인을 사서 마시려고 한다면 이미 오를 대로 오른 어마어마한 가격에 놀랄 것이다.

당신의 집에 빈티지 와인은 물론 와인 저장고도 없다고? 그렇다고 실망할 필요는 없다. 요즘에는 숙성시키지 않은, 즉 생산한 지 얼마 안된 영young 와인을 마시는 경우가 더 흔하니까. 정말 와인을 좋아한다면 언젠가는 올드 와인을 마실 기회가 올 것이다. 아마 그날은 평생 잊을 수 없을 테고, 그런 기회가 온다면 아마도 무릎을 꿇고 와인을 받고 싶어질 것이다.

빈티지 차트 (★ 잊지 말아야 할 빈티지)

1990 ★ 프랑스 전체적으로 특별한 해. 특히 보르도와 루아르Loire의 리큐어 와인이 훌륭하다.
1991 　 부르고뉴 지역 와인을 제외하고는 별로다.
1992 　 부르고뉴 레드 와인은 괜찮은 편이고, 부르고뉴 화이트 와인은 훌륭한 해다.
1993 　 부르고뉴를 제외하고는 전체적으로 별로며, 특히 리큐어 와인은 끔찍한 수준이다.
1994 　 부르고뉴와 보르도의 화이트 와인은 최상이다. 하지만 레드 와인은 별로다.
1995 ★ 알자스를 제외하고는 최상의 빈티지다.
1996 　 보르도의 리큐어, 부르고뉴의 화이트 와인, 샹파뉴와 루아르 지역을 빼면 훌륭한 해.
1997 　 부르고뉴 화이트 와인, 리큐어와 루아르 와인이 훌륭하고, 나머지는 별로다.

1998	전반적으로 우수한 해다. 특히 론Rhone 지역 와인이 좋다.
1999	리큐어 와인, 샹파뉴, 론 지역 와인을 제외하고는 나쁘지 않다.
2000	보르도, 부르고뉴 레드 와인과 알자스 지역 와인을 제외하고는 나쁘지 않다.
2001	보르도, 론, 부르고뉴 화이트 와인이 훌륭하다.
2002	보르도 레드 와인과 리큐어 와인은 꽤 괜찮다. 부르고뉴의 레드 와인은 훌륭하다.
2003 ★	보르도와 부르고뉴의 레드 와인이 훌륭하다. 리큐어 와인도 괜찮은 편이다.
2004	나쁘지 않지만, 지역에 따라 편차가 크다.
2005 ★	전설적인 해. 모든 지역이 최상이다. 특히 '샤토 피작'의 포도원에서 그해 베레종의 시작을 목격했던 해이기 때문에 내게는 각별한 해다.
2006	나쁘지 않다. 8월 날씨가 나빴고, 수확할 때 비가 많이 왔기 때문에 2004년과 마찬가지로 지역에 따라 편차가 크다.
2007	여름에 비도 많이 내리고 추웠지만, 그나마 다행으로 늦여름 햇빛이 좋아 수확 시기에는 최적의 기후 조건이었다. 덕분에 2000년도와 비슷하게 나쁘지 않다.

유명한 해는 상식 차원에서 기억해두고 있는 것도 괜찮다. 하지만 기억하지 못하겠다고 스트레스 받을 필요는 없다. 매장에서 가격을 보면 어떤 해가 좋은 빈티지인지 바로 알 수가 있기 때문이다.

한편 빈티지 와인은 특별한 날을 기념하기 위해 구매하기도 한다. 전통적인 와인 생산국에서는 아이가 태어나면 부모들은 대부분 그해의 빈티지 와인을 한 가지 선택해서 대량으로 구매하곤 한다. 잘 보관해뒀다가 아이가 성년이 되거나 결혼하거나 할 때 그 병을 연다. 출산을 기념하면서 좋은 와인에 투자하는 기회도 되는 것이다. 단, 이때에는 반드시 장기보관이 가능한 좋은 와인을 선택해야 한다. 아니면 빈티지를 따지지 않고 기념 라벨을 만들어 추억으로 남길 수도 있다. 와인은 이렇게 일상의 작은 즐거움들을 선사한다.

이다도시는
와인을 고를 때
라벨에서 무엇을 볼까?

1. 어떤 날에 마실 와인인지, 몇 병을 살 것인지에 따라 우선 가격대를 정한다. 생일처럼 특별한 날이라면 더 비싼 것을 산다.

2. 손님의 취향이나, 그날 메뉴에 따라 혹은 내 기분에 따라 어느 나라의 와인을 살지 결정한다. 친한 친구나 와인에 조예가 깊은 손님의 경우 프랑스 혹은 이태리 와인을 고르는 편이다. 큰 파티의 경우 뱅 드 페이, 즉 지방 명칭 와인이나 아주 비싸지는 않아도 맛이 좋은 샤토 와인 혹은 신세계 와인을 고른다.

3. 유럽산 와인이라면 품질 보증서인 등급과 분류를 살펴본다 : AOC, DOCG, VDQS, 뱅 드 페이.

4. 마지막으로 포도 품종에 대한 정보를 알기 위해서 라벨을 읽어보면서 와인의 성격을 파악한다. 주의할 점은 같은 포도 품종으로 만든 와인이라도 생산 지역에 따라 다른 맛과 향이 날 수 있다. 예를 들어 프랑스 코트뒤론의 시라Syrah의 맛은 호주의 시라(호주에서는 쉬라즈Shiraz 라고 부른다)와는 맛이 다르다. 이때에는 과거에 마셔본 맛을 떠올리는 게 도움이 된다.

   간혹 품종이 명기되어 있지 않은 경우도 있다. 그럴 때는 이렇게 하면 좋다.

   → 와인을 조금 안다면 메독 와인은 카베르네 소비뇽이, 부르고뉴 레드 와인은 피노 누아Pinot Noir기 주품종이라는 것을 알 수 있으므로 그 품종들의 특성을 떠올리면 된다. 보졸레라면 가메Gamay 품종의 아로마를 기내할 수 있다. 경험에 의존하면 되는 것이다.

   → 와인에 대해서 잘 모른다면 매장의 와인 코너에 문의하면 된다. 우리 모두가 와인 전문가가 될 필요는 없으니까.

향기로 말하는 와인

와인과 향기

와인을 어려워 보이게 만드는 마지막 요소는 아로마(aroma, 향기)다. 와인 초보자라면 누구나 와인을 한 모금 마셔보기도 전에 몇가지 아로마라도 알아내야 한다는 강박관념에 시달린 적이 있을 것이다. 익숙하지 않은 향에 집중하느라 잔뜩 예민해지는 힘든 과정이지만 아로마는 꼭 짚고 넘어가야 한다. 왜냐하면, 첫째, 품종마다 아로마가 다르고, 둘째, 와인의 아로마가 코와 입에서 풍부하게 느껴질수록 좋은 와인임을 알 수 있으며, 셋째, 와인의 아로마를 알게 되면 마음에 드는 아로마가 생기게 되고, 원하는 아로마의 와인을 쉽게 다시 찾을 수 있게 되기 때문이다.

후각은 오감 중 하나로, 태어날 때부터 가장 발달한 감각이다. 제대로 보고, 맛보고, 느끼고, 듣기 전부터 우리는 이미 냄새를 맡을 수 있다. 신

생아는 엄마 젖 냄새를 알아보고 탯줄을 끊기도 전에 젖을 찾아 빨 수 있다고 하지 않는가! 아이들은 그렇듯 좋은 냄새든 역겨운 냄새든 냄새에 민감하다.

나는 아직도 어렸을 적 맡았던 냄새가 뚜렷이 기억 속에 남아 있다. 페캉에 있던 우리 아파트 마룻바닥의 오래된 나무와 왁스 냄새, 닭 구이와 버터 감자 요리, 강낭콩 냄새가 물씬 풍기던 할머니 댁의 일요일 점심 식사 냄새, 바캉스 때 캠핑카에서 일어나면 우리의 코를 간지럽히던 따뜻한 커피, 우유, 코코아 냄새들과 거기에 살짝 섞이던 부탄 가스 냄새 등…… 추억이 가득하여 잊히지 않는 냄새들이다. 내 아이들도 마찬가지다. 크레이프나 감자 버터 구이를 요리하면 부엌으로 뛰어들어와서 "와, 프랑스 냄새야!"라며 반기곤 한다. 거꾸로 집에서 자주 먹지 않는데도 불구하고 비행기 안이나 바닷가 혹은 실외 수영장에서 누군가 컵라면을 먹고 있으면 아이들은 "한국 냄새가 나, 우리도 라면 먹자"라고 말하곤 한다. 청국장을 무척 좋아하는 아이들은 청국장만큼이나 냄새가 강한 프랑스산 치즈도 좋아한다. 둘은 사실 비슷한 냄새이기 때문에 아이들이 후각적으로 둘을 연관시켜서 서로 다른 음식이어도 좋아하는 것이 아닌가 하는 생각이 들 때가 있다.

냄새 하나로 어렸을 적 추억이 떠오르기도 하고, 지나가버린 행복이나 사랑이 생각나기도 한다. 나는 아직도 예전 남자 친구들의 향수 냄새가 기억난다. 마찬가지로 남편 창수 씨한테서 처음 맡았던 향수 냄새도 생생하게 떠오른다. 그리고 기분에 따라, 계절에 따라, 날씨에 따라 맞는 향수를 골라서 뿌리는 것이 너무나도 좋다. 그래서인지 감기에 걸려서 냄새를 맡지 못하게 되는 것을 참지 못한다. 하지만 현대인들은 후각을 점차 사용하지 않고 있다. 어느 누구도 냄새로 옆 사람을 느끼거나, 자신이 방금 들어온 장소의 냄새를 킁킁 맡아대지는 않을 것이다. 과거보다 후각을 덜 사용한다는 것은 어쩌면 과거만큼 열정적으로 살지 않는 것일 수도 있다.

어쨌든 확실한 것은 냄새를 맡지 않고는 와인이 선사하는 즐거움을 느낄 수 없다는 것이다. 악기를 배울 때 먼저 기본 음계를 배우듯, 보르도 와인 스쿨에서도 입으로 와인 맛을 알아가기 전에 와인의 다양한 아로마가 담긴 '내추럴 에센스 키트'를 갖고 공부하기 시작한다. 품종에 따라 꽃, 과일, 채소, 향신료, 동물성 향, 음식 냄새 등이 나는 것이다. 이 연습의 목표는 훗날 참조가 될 만할 냄새들을 기억하는 것이다. 나중에 와인을 마실 때 후각 혹은 미각으로 어떤 와인인지, 왜 마음에 들고 안 드는지를 분간할 수 있게 하기 위해서다. 목적은 간단하지만 연습은 결코 쉽지 않다. 소믈리에 시험을 보는 게 아니라면 이걸로 머리를 싸맬 필요는 없다. 슬겁게 와인 한잔 마시자는 게 아닌가. 그저 느껴지는 냄새에 맞는 단어를 찾기만 하면 되는 것이다.

한국에서 와인 입문 세미나를 했을 때 아로마 테스트를 몇 번 해본 적이 있다. 그런데 매일 맡는 단순한 아로마 앞에서도 많은 사람들이 주저하는 것을 보고는 놀라지 않을 수 없었다. 아카시아, 레몬, 심지어 바나나 향조차 어떤 냄새인지 말하지 못하는 사람들이 종종 있었던 것이다. 이는 현대인들이 그만큼 후각을 많이 사용하지 않는다는 것을 의미한다.

물에는 자신의 얼굴이 비치지만
와인에는 다른 이의 마음이 비친다

나는 한국이 지닌 무수한 향에 대해 오랜 시간 얼마든지 이야기할 수 있다. 음식만 봐도 그렇다. 외국인들이 공항에서부터 느낀다는 김치 냄새, 고소하기 그지없는 참기름 냄새, 미역국의 구수한 냄새, 수많은 장과 마늘, 생강 등 양념 냄새, 젓갈과 해산물 냄새, 홍어의 당혹스러운 냄새까지 입 안에 침이 절로 고이게 하는 무수한 냄새가 있다. 가을에 갓 담근 김장용 김치에서는 비 내린 뒤의 숲 냄새가 조금은 에로틱하게 느껴지기도 한다. 한국이 풍기는 모든 냄새는 색감이 풍부하고 고상하면서 강하다. 한국인이라면 냄새에 무감각할 수가 없는 것이다. 만약 후각이 무디다면 그건 연습 부족 때문이다. 이제 다시 후각의 즐거움을 되찾을 때다. 갓 담배를 끊은 사람들은 안다. 다시 냄새를 맡는다는 것이 어떤 건지……. 거의 다시 살아나는 기분이다.

　용서받을 수 없는 실수는 향기와 악취를 구분하지 못하는 것이다. 특히 와인에 관해서는 더욱 더 용서받을 수 없다. 얼마 전 서울에서 보르도 와인 시음회에 참석했을 때의 일이다. 옆 테이블에 앉아 있던 친구가 메독 와인을 들고 와서 그 와인이 얼마나 훌륭한 와인인지 이야기했다. 나는 같은 테이블의 한국 참석자들에게 그 말을 통역했고, 사람들은 향을 맡고 시음해보고는 다들 동의했다. 나도 따라 향을 맡았다. 순간 잔을 떨쳐낼 수밖에 없었다. 우리 테이블에 서빙된 와인에서는 안 좋은 코르크 냄새가 진동했고, 곰팡이 냄새까지 났다. 도저히 마실 수 없는 정도였다. 초보자라 해도 이 정도 냄새는 쉽게 분간할 수 있어야 한다. 냄새가 나쁘다면 와인 역시 좋을 수가 없다. 누가 뭐라건 자신감을 갖고 여러분의 감각과 본능에 귀를 기울이면 된다.

와인의 품종과 아로마

와인을 시음해보면, 포도 향와 알코올 향을 넘어서 품종, 테루아르, 양조 방법에 따른 아로마를 느낄 수 있다. 각 포도 품종마다 고유의 아로마와 맛이 있다. 화이트 와인의 게부르츠트라미너^{Gewürztraminer} 품종이나 레드 와인의 피노 누아 품종처럼 과일 향이 강하고 전형적인 경우도 있고, 카베르네 소비뇽이나 시라처럼 타닌이 강한 품종도 있다.

그러나 품종만으로 와인의 품질이 결정되지는 않는다. 유명한 양조 전문가인 레오나르 홈브레히트는 "품종이 이름이라면, 테루아르는 성이다"라고 말했다. 와인의 미묘한 뉘앙스를 가능하게 하는 것은 바로 테루아르다. 프랑스에서는 "언제나 와인에서는 테루아르를 맡을 수 있다"라고 이야기하곤 한다. 그렇기 때문에 부르고뉴의 샤르도네^{Chardonnay}는 호주의 샤르도네와는 완연히 다를 수밖에 없다.

덧붙이자면 기후도 품종에 절대적인 영향을 끼친다. 예를 들면 보르도의 기후는 습하기 때문에 피노 누아 같은 품종에는 적합하지 않다. 반면에 부르고뉴에서 피노 누아는 세계적으로 유명한 그랑 크뤼의 품종이 되기도 한다. 반대로 메독의 유명한 품종인 카베르네 소비뇽은 부르고뉴의 기후에서는 숙성되기 힘들다.

와인 고르기

와인숍에서 와인을 고를 때 포도 품종은 핵심적인 열쇠가 된다. 원하는 아로마에 따라, 혹은 준비한 음식에 따라 품종을 떠올려서 와인을 선택하면 된다.

품종에서 출발하여 원하는 아로마와 맛을 찾아내거나, 원하는 아로마에서 출발하여 거꾸로 품종을 골라볼 수도 있다. 이 두 가지 방법으로 내 맘에 쏙 드는 와인을 골라보자.

IDA DAUSSY **TIP**
블렌딩blending이란?

초보자들은 보르도 와인과 같이 여러 가지 포도 품종이 섞인 블렌딩 와인이
익숙치 않은 경우가 많다. 혼합되어 있으니까 복잡할 것이라고 지레짐작하는 것일까?
아니면 정확한 맛을 느끼기 힘들다고 생각해서일까?

블렌딩이란 한 땅에서 난 다양한 품종(품종에 따라 생산방식도 모두 다르다)에서 얻은 와인들의
'결혼'이라고 생각하면 된다. 이를 통해서 기후, 일조량, 빈티지에 따라서 최상의 테루아르를
표현해서 최상의 맛을 추구할 수 있는 것이다. 보르도의 와인은 그렇게 해서 한 샤토 안에서
재배되는 품종들로, 메를로 50퍼센트, 카베르네 소비뇽 40퍼센트,
카베르네 프랑Cabernet Franc 10퍼센트가 블렌딩될 수 있다.
단일 품종 와인은 100퍼센트 한 품종으로만 이루어진다.
보졸레 누보Beaujolais Nouveau가 대표적으로, 100퍼센트 가메 품종으로만 만들어진다.
마찬가지로 신세계의 와인은 대부분 메를로, 혹은 카베르네 소비뇽 단일 품종으로 이루어진다.
처음 와인에 입문하는 사람이라면 단일 품종 와인으로 시작해서 마음에 드는 아로마와
특징을 파악하는 것이 좋다.

레드 와인의 경우
품종에 따라 짐작할 수 있는
아로마는 다음과 같다

품종	아로마
카베르네 소비뇽 Cabernet Sauvignon	영young 와인이라면 카시스(까치밥나무, 영어로 블랙 커런트black currant)
	산딸기 향, 신세계 와인의 경우 블루베리 향, 가끔은 초록 피망 향
	올드old 와인이라면 블랙베리 잼, 후추, 카시스 크림, 고추, 오크통에서
	숙성된 우드wood 향, 훈제, 구운 듯한 향, 계피, 초콜릿 향
	색 타닌과 색감이 풍부하여 장기 보관에 적당하다. 루비 톤의 짙은 선홍색
	어디 전 세계. 프랑스 보르도에서 지배적으로 재배된다.
	프랑스 남부 랑그독과 프로방스, 남아메리카, 남아공, 호주, 뉴질랜드.
	'품종의 왕'으로 불리며 가장 남성적인 맛으로 유명하다.
메를로 Merlot	붉은 과일, 카시스, 블랙베리, 자두
	오크통에서 숙성됐을 경우엔 훈제 향
	색 카베르네 소비뇽에 비해 타닌은 더 약하다. 보랏빛이 도는 짙은 루비 색
	어디 프랑스 보르도, 미국, 칠레, 호주, 뉴질랜드 등
	부드럽고 균형 잡힌 맛 때문에 가장 여성적인 품종이다.
카베르네 프랑 Cabernet Franc	영 와인이라면 과일 향, 산딸기, 제비꽃, 초록색 피망 향
	올드 와인이라면 보쌈 향 같은 머스크 향, 트뤼플, 훈제 향
	색 카베르네 소비뇽에 비해 색깔이 더 선명하나 타닌은 더 약하다.
	어디 프랑스 루아르, 보르도, 이태리, 동유럽, 남아메리카 특히 칠레
	'카베르네 소비뇽의 사촌뻘'로 생각하면 된다.
피노 누아 Pinot Noir	카시스, 산딸기, 버찌, 훈제, 우드 향
	색 그다지 선명하지 않은 칼라, 최상급의 경우 짙은 루비 색
	어디 프랑스 부르고뉴, 샹파뉴, 알자스
	독일, 스위스, 미국 캘리포니아와 오리건, 뉴질랜드
	'프랑스 부르고뉴의 스타 품종'으로 섬세하고 부드러운 맛을 낸다.

시라 · 쉬라즈	카시스, 블랙베리, 제비꽃, 트뤼플, 삼목, 계피, 후추, 가죽, 담배, 무스크
Syrah · Shiraz	오크통에 숙성했을 경우엔 감초, 정향의 향
	색 보랏빛이 도는 다양한 색
	어디 프랑스 코트뒤론, 코트로티, 에르미타주. '코트뒤론의 여왕'으로 불린다.
	호주에서 '쉬라즈'라고 불리며 호주 최고의 품종이다. 그 외 미국, 남아공

네비올로	붉은 과일 향. 딸기, 산딸기, 제비꽃, 후추, 트뤼플 향
Nebbiolo	풀보디 와인인 경우엔 훈제, 타르, 수풀 향
	색 타닌이 강함, 짙은 루비 색
	어디 이태리 피에몬테Piemonte 특히 바롤로Barolo, 바르바레스코Barbaresco

산지오베제	풍부하면서도 농축된 아로마. 붉은 과일, 계피, 정향의 향
Sangiovese	색 타닌이 강함, 짙고 풍부한 색
	어디 이태리 특히 브루넬로 디 몬탈치노Brunello di Montalcino

진판델	딸기, 카시스 등 붉은 과일 향
Zinfandel	색 장기 보관이 가능한 짙은 붉은 색
	핑크빛 와인도 만드는데 이를 화이트 진판델이라고 부른다.
	어디 미국 캘리포니아, 이태리

말벡	영 와인이라면 농익은 과일 향
Malbec	올드 와인이라면 계피, 바닐라, 자두, 말린 자두 향
	색 진하고 타닌이 느껴지는 짙은 붉은 색
	어디 프랑스 보르도, 루아르, 카오르
	칠레와 아르헨티나에서 최고급 와인을 만드는 품종이다.

가메	진하고 새콤한 과일 향, 잉글리쉬 토피, 바나나, 파인애플, 사과 향
Gamay	색 영할 때 마시는 와인으로 색이 강하지 않다.
	어디 프랑스 보졸레, 투렌느Touraine

그르나슈	영 와인이라면 풍만하고, 골격이 있고, 치솟는 느낌. 과일 향
Grenache	카시스, 블랙베리 향
	올드 와인이라면 담배, 익힌 살구, 훈제 향
	오래 숙성된 달콤한 와인에서 나는 랑시오Rancio 향
	색 영할 때는 짙은 붉은 색, 숙성되면 담황갈색 톤
	어디 프랑스 샤토뇌프뒤파프, 랑그독 루시용, 코트드프로방스, 스페인

WINE NOTE / 079

화이트 와인의 경우
품종에 따라 짐작할 수 있는
아로마는 다음과 같다

품종	아로마
샤르도네 Chardonnay	잘 익은 레몬, 파인애플 같은 열대 과일의 상큼한 향 헤이즐넛, 벌꿀, 산사나무나 아카시아, 버터, 브리오슈, 토스트 호주산의 경우 메론 향도 난다. **색** 섬세한 텍스쳐, 연노란빛 **어디** 프랑스 부르고뉴, 샤블리, 샹파뉴, 미국, 호주 화이트 와인 중 가장 유명하고 고상한 와인을 만드는 품종이다.
소비뇽 블랑 Sauvignon Blanc	카시스, 회양목, 금작화 향. 신선하고 생동감 있다. 숙성에 적합한 와인을 만든다. **색** 상당히 연한 노란빛 **어디** 프랑스 보르도 소테른, 그라브, 앙트르되메르, 상세르, 부르고뉴, 투렌느 이태리, 스페인, 캘리포니아와 뉴질랜드에서 점차 더 많이 재배된다. 요즘 가장 인기 있는 품종이다.
리즐링 Riesling	영 와인이라면 섬세한 레몬 향이 감도는 스파이시하고 풍부한 향, 올드 와인이라면 탄화수소 향, 세미 드라이나 리큐어 와인이라면 열대 과일, 자몽, 오렌지 향이 난다. **색** 드라이 와인은 초록빛이 감돌고, 리큐어 와인이라면 숙성이 가능한 금빛 **어디** 알자스, 독일, 호주, 남아공, '독일 라인 계곡의 고상한 품종'으로 유명하다.
세미용 Sémillon	꿀, 배, 살구, 모과, 복숭아, 파인애플 등 절인 과일, 바닐라 향 약용 식물인 사프란 향, 호주산은 레몬 향 **색** 드라이 와인이라면 금빛 노란색, 리큐어 와인이라면 짙은 금빛 노란색에서 호박 빛까지 난다. **어디** 프랑스 보르도 소테른에서 그 유명한 "귀부noble rot 포도 품종'으로 리큐어 와인을 만든다. 프랑스 서남 지역, 호주, 미국, 칠레

게부르츠트라미너
Gewürztraminer

리치, 장미, 정향의 향 등 아로마가 풍부하다. 포도를 늦게 수확하여
스위트 와인을 만들면 살구, 복숭아, 열대 과일, 절인 과일 향

색 흐린 노란빛

어디 알자스, 독일, 오스트리아, 체코슬로바키아, 호주

스파이시한 맛이 특징이다.

피노 그리
Pinot Gris

신선하면서도 풍부한 향이 힘있게 올라온다.

향신료, 꿀, 사과, 배, 꽃, 버섯 향

색 살짝 금빛이 감도는 노란빛

어디 프랑스 알자스, 독일, 이태리

비오니에
Viognier

아카시아, 제비꽃, 아니스(anise, 미나리과의 식물), 벌꿀, 살구,
복숭아, 자른 건초, 귤련, 뮈스카 향

색 금빛. 드라이하면서 기름진 와인을 만든다.

어디 프랑스 론 계곡, 부르고뉴

뮈스카데
Muscadet

배, 효모, 뮈스카, 식물성 향. 최상급의 경우 버터 향이 나기도 한다.

색 연한 색. 시원하면서도 갈증을 해소해주는 와인으로
입 안에서는 톡톡 쏘면서 결국엔 새콤한 맛이 난다.

어디 '뮈스카데'는 사실 품종이 아니라 프랑스 루아르 지역의
원산지 이름이다. 이 지역에서는 부르고뉴의 메론Melon de Bourgogne이라는
품종만을 사용하는 유명한 화이트 와인을 생산하여 와인 이름과 품종 이름
모두 '뮈스카데'라고 흔히 말한다.

뮈스카 · 모스카토
Muscat · Moscato

고수(미나리과의 식물)의 특이하면서도 기분 좋은 향. 살구 향
입 안에서 드라이하면서도 부드럽거나 혹은 달콤하다.

색 아주 흐린 노란빛에서 좀 더 진한 색까지 다양하다.

어디 프랑스 남부, 보르도, 알자스, 이태리, 지중해 연안, 호주

슈냉 블랑
Chenin Blanc

벌꿀, 아카시아, 보리수, 모과 젤리, 사과 향

색 새콤하면서도 드라이한 와인이라면 흐린 노란 빛, 장기 숙성에 적합한
리큐어 와인이라면 금빛이 감도는 색

어디 프랑스 루아르, 투렌느, 앙주

호주, 뉴질랜드, 남아공, 캘리포니아 등 전 세계적으로 재배

좋아하는 아로마를 찾아서
포도 품종이나 와인을 고를 수도 있다

	아로마	포도 품종 / 와인
과일	살구	세미용, 뮈스카, 슈냉 블랑, 비오니에
	복숭아	샤르도네, 세미용
	바나나	가메(보졸레누보) : 의아하게 생각될 수도 있지만 특별한
		발효 방식 때문에 그렇다
	카시스	피노 누아, 카베르네 소비뇽, 칠레의 말벡, 시라, 그르나슈 /
		호주산 레드 와인
	모렐로 체리	피노 누아
	파인애플	슈냉 블랑, 세미용, 가메, 일부 샤르도네
	딸기	피노 누아, 가메, 진판델 /
		일부 아이스 와인, 이태리와 스페인의 영 와인
	산딸기	카베르네 소비뇽, 피노 누아, 가메, 그르나슈, 이태리의 바르베라Barbera /
		아르헨티나, 호주산 레드 와인
	붉은 과일	산지오베제, 메를로 / 보르도 혹은 부르고뉴의 영 레드 와인
	레드커런트	피노 누아 / 칠레산 레드 와인
	리치	게부르츠트라미너
	오디	코트뒤론의 시라, 올드 카베르네 소비뇽, 카리냥Carignan
		이태리의 바르베라, 그르나슈
	배	샤르도네, 토카이 피노 그리Tokay-pinot gris, 세미용
	초록사과	알리고테Aligoté, 샤르도네, 스페인의 팔로미노Palomino
	자두	메를로, 피노 누아
	감귤류	리즐링, 프랑스 샹파뉴의 샤르도네, 뮈스카데, 스페인의 팔로미노(특히
		레몬 향이 두드러짐) / 이태리산 화이트 와인, 독일과 오스트리아산 와인
꽃	아카시아	샤르도네, 소비뇽 블랑, 영 슈냉 블랑, 비오니에
	산사나무	시라, 샤르도네

	금작화	리즐링, 소비뇽 블랑
	제라늄	게부르츠트라미너
	작약	시라
	장미	게부르츠트라미너, 뮈스카
	보리수	슈냉 블랑
	제비꽃	비오니에, 메를로, 피노 누아, 시라, 이태리의 네비올로
식물성	레몬밤	샤르도네
	카시스 잎	카베르네 소비뇽, 소비뇽 블랑, 피노 누아
	풀	소비뇽 블랑
	초록피망	프랑스 루아르의 카베르네 프랑
	박하	카베르네 소비뇽
	담배	올드 무르베드르Mourvèdre, 비오니에 /
		오크통에서 숙성시킨 우드 향이 강한 와인
우드 향, 향신료	계피	샤르도네, 산지오베제, 스페인과 프랑스 코트드프로방스의 무르베드르
	건아몬드	샤르도네
	헤이즐넛	루아르의 슈냉 블랑
	호두	스페인의 팔로미노 / 프랑스 쥐라의 옐 와인
	후추	그르나슈, 스페인과 코트드프로방스의 무르베드르
		올드 카베르네 소비뇽, 뮈스카데, 이태리의 네비올로
	정향	이태리의 산지오베제, 스페인과 프랑스 코트드프로방스의 무르베드르
	고수	뮈스카
	감초	시라, 가메, 이태리의 바르베라
	바닐라	대체적으로 새 오크통에서 숙성된 와인
동물성	가죽	코트뒤론의 시라 / 부르고뉴의 올드 레드 와인
	사냥 고기	올드 레드 와인
음식	버터, 크림	미국, 호주의 샤르도네, 뮈스카데
	버섯	토카이 피노 그리 / 스페인의 리오하Rioja 와인, 올드 레드 와인
	초콜릿	포르토Porto 와인, 올드 레드 와인
	잼	옐 레드 와인
	꿀	토카이 피노 그리, 세미용, 옐 슈냉 블랑 / 리큐어 혹은 스위트 화이트 와인
	로스트커피빈	포르투갈의 토리가Touriga / 오크통에 숙성시킨 와인

와인 쇼핑

알뜰하게 와인을 사는 비결

가족이 모이거나 친구들과 식사를 할 때면 나의 부모님은 계단 밑 어두
컴컴하고 약간 습하면서도 시원한 곳에서 와인을 한 병씩 꺼내오곤 하
셨다. 어린 내게는 이것이 무슨 마법처럼 느껴졌다. 부모님들이 그 작
은 창고를 채우는 것을 본 적이 없기 때문에, 와인이 저절로 그곳에
서 생긴다고 믿었다.

　좀 더 커서 부모님이 와인을 주문하는 과정을 알게 되었다. 누가 어
디 와이너리에 아는 사람이 있다더라, 누구는 어느 네고시앙을 잘 안다
더라는 등 친구들과 활발히 정보를 교환한 뒤에 한 해 동안 두고 마실
와인을 친구들과 단체로 주문하시곤 했다. 나의 부모님은 그렇게 와인
을 사서 계단 아래 시원한 곳에 보관해두었다. 와인 생산국에 사니 이
런 것도 더 활발했던 것 같다. 포도 재배지로 여행할 기회가 생기면, 오

늘날에 많은 프랑스인들이 그렇듯, 부모님과 삼촌들은 그 기회를 놓치지 않고 현지에서 도매가로 와인을 상자째 사곤 했다. 프랑스 남부로 여행 갔을 때 어머니가 좋아하는 바뉠의 와인과 따사로운 남부의 와인을 잔뜩 사가지고 오던 부모님의 모습이 지금도 생각난다.

포르투갈로 갔던 바캉스 또한 잊을 수 없다. 아마 열두 살 때였을 것이다. 두오로Duoro 강변의 포르토Porto 지역에서 포르토(양조시 발효 과정 도중에 브랜디를 첨가해서 발효를 중지시켜 단맛은 남고 알코올 함량이 많은 디저트 와인. 영어로는 포트Port) 와인 카브 여러 곳을 방문한 적이 있었다. 태양이 작열하는 뜨거운 여름 속에서 카브의 시원함이란 마술과도 같게 느껴졌다. 포르토 와인 양조장마다 갖고 있는 그들만의 역사는 흥미로웠고, 카브에서는 잊히지 않는 우드 향이 그윽하게 풍겼다. 마지막 하이라이트인 무료 시음회까지 모든 게 황홀했다. 열두 살이었던 나는, 어렸던 동생들과 달리 아이들용 음료 말고 와인을 조금 홀짝이는 영광도 맛보았다. 그 즐거운 기억이란……. 돌아오는 길에는 포르토 와인 몇 상자가 캠핑카 트렁크에 실려 프랑스까지 우리를 따라왔다. 선물할 것과 집에서 마실 와인이었던 것이다.

지금도 우리 부모님과 친구들은 많은 프랑스인들처럼 자신의 단골 공급업체나 와이너리, 네고시앙이나 조합에서 도매로 와인을 주문한다. 그렇게 하면 품질과 가격이 모두 만족스럽기 때문이다. 나 또한 부모님이 주문하실 때 함께 몇 상자를 주문한다. 샹파뉴 한 상자, 아버지가 그토록 좋아하시는 샤토뇌프뒤파프Châteauneuf-du-Pape 한 상자, 그리고 내가 가장 좋아하는 생테밀리옹이나 메독 레드 와인 한두 상자 등이 그

것이다. 그리고 프랑스에 들를 때마다 마시곤 한다.

　프랑스에서 와인을 소량으로 구매하는 경우는 선물로 필요할 때, 혹은 특별한 와인(예를 들면, 친구들과 쿠스쿠스를 먹을 때 곁들이는 알제리의 시디브라힘Sidi Brahim 레드 와인)을 원할 때다. 이런 경우엔 슈퍼마켓이나 대형 할인매장 혹은 프랑스의 니콜라Nicolas 같은 와인숍 체인으로 가는데, 이때 역시 적절한 조언을 받을 수 있고 가격 또한 경쟁력이 있다.

　내가 한국에서 와인을 살 때는 주로 대형 할인매장에서 구매한다. 특히 대형 할인매장에서는 특정 국가의 와인 행사가 열릴 때가 많은데, 이런 행사를 애용하는 편이다. 혹은 집으로 배달해주는 업체에 전화로 주문하기도 한다. 아니면 반포의 와인숍도 잘 이용한다. 내가 늘 챙기는, 서래마을 비니위니 매장의 세일과 2년에 한 번씩 있는 창고 개방은 놓쳐선 안될 중요한 행사다. 말 그대로 창고 대방출로 와인 상자들이 바닥에 쌓여 있고 와인 병도 진열되어 있지 않다. 다양한 와인을 매력적인 가격에 구입할 수 있고, 그랑 크뤼부터 간단하게 마실 수 있는 쉬운 와인까지 그야말로 각양각색의 와인을 만나볼 수 있는 자리다. 반포에 사는 프랑스 친구들은 카브를 채우기 위해 이 기간을 손꼽아 기다린다.

어디에서 와인을 살까

대형 할인매장 혹은 백화점　프랑스 사람들은 와인을 살 때 대형 할인매장을 주로 찾는다. 대형 할인매장에는 다양한 가격대의 와인들이 구비되어 있어서, 한국에서도 점차 많은 소비자들이 찾고 있다.

대형 할인매장은 선택의 폭이 넓고 가격대도 괜찮다는 장점이 있지만, 조언을 구할 판매원이 없다는 게 단점이다. 또한 다양한 상품을 자랑하는 매장 진열대에는 최고의 와인과 최악의 와인이 나란히 놓여 있을 수도 있다는 점을 잊어서는 안 된다. 또 다른 문제는 어느 날 갑자기 늘 찾던 제품이 없을 수도 있으며, 그럴 경우 따로 주문이 불가능하다는 것이다. 그리고 대형 할인매장의 단점으로는 무엇보다 보관을 꼽을 수 있다. 오랫동안 네온 불빛 아래에 세워서 진열하는 데다가 온도도 이상적이지 않은 경우가 많기 때문에 와인이 상할 위험이 있다. 다행히 이런 매장에서는 상품 회전이 빠르기 때문에 와인 보관상의 문제가 자주 발생하지는 않는다. 요즘은 할인매장에서도 소비자들을 위한 훌륭한 와인 저장고나 진열장을 갖춰가고 있어 금상첨화다.

와인 전문 매장 대형 할인매장보다는 가격이 조금 더 비싸지만 맞춤형 조언을 받을 수 있는 곳이다. 기꺼이 그 자리에서 시음해볼 수도 있다. 와인 전문 매장 주인들은 대체로 전문가이고 와인 애호가들이다. 때문에 여러분이 원하는 대로 혹은 저녁 메뉴에 맞춰서 얼마든지 조언을 해줄 것이다.

이런 전문 매장의 또 다른 장점이라면 '시음회'나 '이달의 와인' 혹은 '프랑스 주간'과 같은 행사를 열어 새로운 제품을 만날 수 있는 기회를 만들어주는 것이다. 많이 샀을 경우엔 집으로 배달해줄 뿐만 아니라, 구매량에 따라서 할인을 해주거나 신제품을 덤으로 주기도 한다. 별것 아닌 것 같지만 이런 서비스가 분명 쇼핑을 더 즐겁게 해준다.

와인 세일 행사 와인은 영구히 보존되는 것이 아니므로 일부 백화점, 와인 전문매장이나 와인 수입 업체들은 가끔 제품 회전을 위해서 대대적인 와인 세일 행사를 열기도 한다. 세일이라고 해서 재고 정리나 낮은 품질로 연결지으면 오산이다. 할인 제품이긴 하지만 유통 기한이 지난 제품들이 결코 아니기 때문에 오히려 기회를 놓쳐서는 안 된다. 예를 들어, 라벨이 찢어지거나 더러워진 경우에 와인 맛에는 아무런 문제가 없어도 제 가격을 받을 수 없기 때문에 할인을 하기도 한다. 얼마 전에 이런 이유로 원래 가격이 4만 원도 넘는 칠레산 에스쿠도 로호 2004 빈티지 와인을 1만 원대에 살 수 있었다. 물론 와인 맛은 최고였다.

내 친구들과 나는 언제 와인 와인 세일 행사가 있는지 호시탐탐 기회를 노리고 있다. 한 가지 주의해야 할 것이 있다면 최고의 제품을 저렴하게 사는 기회인 만큼 일찍부터 가야 한다는 것이다. 세일 첫날에 가지 않으면 물건은 금세 빠진다는 사실!

여기서 잠깐, 와인을 사러 가는 당신에게 간단한 조언을 한다면? 매장 소믈리에가 매우 친절하게 가르쳐주긴 하지만 매장 안이 혼잡할 수 있으므로 최소한의 정보는 갖고 가는 것이 좋다. 그리고 할인된 가격에 이끌려 계획보다 많이 사는 경우가 많으니까 차를 너무 멀리 세우지 않도록 한다.

공동 구매 와인 애호가들이나 친구들끼리 모여서 저렴한 가격에 공동 구매를 하는 것도 괜찮다. 한국에서는 인터넷 상에서 와인 동호회 등을 통해 교류가 활발하므로 서로 정보를 공유하고 공동구매를 하기도 더욱 좋다. 구매량이 많으면 많을수록 가격은 떨어지니까 한번 생각해 볼 만하다.

IDA DAUSSY **TIP**
와인을 고를 때 유용한 인터넷 사이트!

1. www.bordeaux.com
사이트를 방문하면 다양한 정보를 얻을 수 있다. 1만~4만 원대에서 골라 마시는 재미를 발견할 수 있고, 한국인의 입맛에 맞는 와인 100선도 만나볼 수 있다. 당연히 한국에서 와인 숍이나 대형 할인매장에서 구입할 수 있는 와인들이다.

2. www.pierothwines.co.kr
집에서 와인에 대한 조언을 받을 수 있다. 최소 12병 이상 주문한다면 (17,000원대 이상부터 가능), 와인 컨설턴트가 샘플을 갖고 집으로 찾아와서 다양한 와인을 맛볼 수 있도록 해준다. 그렇게 선택을 하고 주문만 하면 끝이다. 내가 부담없는 가격으로 즐기는 와인들을 꼽자면 독일산 리즐링 브라우네버거Brauneberger, 뉴질랜드산 소비뇽 블랑 오버스톤 리저브Overstone reserva, 프랑스 보르도산 샤토 보르드뇌브Château Bordeneuve 등이 있다.

3. 와인에 대한 더 많은 정보를 원한다면? 아래와 같은 인터넷 사이트들도 있다.
언제나 모든 감각을 깨워놓고 호기심을 갖고 와인에 도전해보자!

www.wine21.com
www.winenara.com
www.wine.co.kr
www.canawine.co.kr

어떻게 와인을 고를까

자, 이제는 라벨도 읽을 줄 알고, 아로마도 구분할 줄 안다. 그렇다면 오늘 저녁 식사에 맞는 와인을 골라볼까? 날씨나 계절에 맞게, 문화에 따라서, 손님에 따라서, 음식 궁합에 잘 맞게 식사에 따라서 골라야 할 것이다. 그렇다면 주의할 점을 알아보자.

기후나 계절에 따라 와인 선택에 있어서 '상온'은 중요한 요소다. 한국에서는 이열치열이라고 더운 날 뜨거운 음식을 먹기도 하지만, 대체적으로 여름에는 시원한 음식과 음료를 원하고, 추운 겨울에는 좀 더 위를 든든하게 해주는 향기로운 음식을 찾게 되어 있다. 와인도 마찬가지다.

참고로 와인의 맛과 농도를 표현할 때 '보디body'라는 말을 많이 쓰는데 풀보디full-body는 묵직한 맛과 진한 농도를, 라이트보디light-body는 가벼운 맛과 묽은 농도를 뜻한다. 미디엄보디medium-body는 말 그대로 풀보디와 라이트보디의 중간 정도의 농도라고 보면 된다.

여름에는 가볍고 상쾌한 라이트보디 와인을 선택한다면, 가을로 들어서면서부터는 보디감이 있고 도수가 다소 높으면서 골격이 있는 와인을 찾게 마련이다. 봄, 여름 식사나 파티라면 과일 향이 풍부하면서 상큼하고 갈증을 해소시키는 레드 와인이나 화이트 와인을 선택하면 된다. 또 이때는 로제 와인의 계절이기도 하다. 한국 친구들은 로제 와인을 별로 좋아하지 않는데, 로제 와인도 무척 매력적이다. 가을, 겨울에는 보디감과 기품이 있고, 아로마와 맛이 강한 풀보디 레드 와인이나 화이트 와인을 고르는 것이 좋다.

문화에 따라 각 국가 혹은 지방마다 고유의 관습이 있게 마련이어서 사람들이 좋아하는 음식도 모두 제각각이다. 와인도 마찬가지로, 미국인들은 우드 향이 강한 와인을 좋아하는 반면 프랑스인들은 좋아하지 않는다. 칠레나 호주의 햇빛을 잘 받은 포도는 프랑스와는 맛이 또 다르고 보디감이 강하다. 테루아르나 기후에 따라 다른 맛을 내는 수백 개의 품종이 이 세상에 존재한다. 아울러 소비자의 기호도 다양하기 그지없다. 각자 자기가 좋아하는 와인과 싫어하는 와인이 있기 마련이다. 하지만 같은 문화권 안에서는 아무래도 비슷한 와인 취향을 가질 수밖에 없다. 보르도 포도 재배자에게 칠레산 와인을 좋아하게 하려면 꽤나 힘들 것이다. 알자스 지방의 어떤 사람들은 보르도 와인을 거들떠보지도 않을지 모른다. 그야말로 '신토불이'다.

나의 아버지는 늘 코트뒤론 와인을 좋아하셨다. 선호하는 아펠라시옹은 샤토뇌프뒤파프였다. 그래서 나는 그르나슈, 시라, 무르베드르 아로마와 함께 성장했다고 할 수 있다. 한때는 오직 그 아로마만 좋아했지만 후에 여러 와인을 마셔보면서 결국은 보르도 와인 스타일이 내 취향이라는 것을 알게 되었고, 와인 수업을 받은 뒤엔 더 확고해졌다. 그러나 새로운 와인을 발견하고자 하는 마음은 항상 열려 있다.

이렇듯 맛과 관련된 각자의 문화가 분명히 있다. 그러니까 여러분 혹은 손님의 문화에 맞춰 얼마든지 골라도 된다.

손님에 따라 손님은 왕이다. 널리 알려져 있듯이 손님을 기분 좋게 하기 위해서는 어렵더라도 뭐든 할 수 있다.

와인 애호가들이 손님이라면 대략 세 부류로 구분할 수 있다. 친구들, 와인 전문가 부럽지 않은 해박한 지식을 갖고 있는 손님, 그리고 라벨 전문가들. 그렇다면 그들과 함께할 수 있는 다양한 와인들을 추천해 본다.

친구들 친구들과는 뭐든지 할 수 있을 것이다. 그랑 크뤼는 물론 최고고, 보졸레 누보같이 갈증을 해소해주는 신선한 와인 스페셜 디너, 아니면 흔하지 않은 특별한 와인, 예를 들면 남아공의 피노타주^{Pinotage} 품종 와인이나 뉴질랜드산 와인 등을 내놓아도 된다. 좋은 와인을 함께

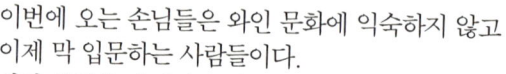

IDA DAUSSY TIP

이번에 오는 손님들은 와인 문화에 익숙하지 않고
이제 막 입문하는 사람들이다.
어떤 와인을 대접해야 할까?

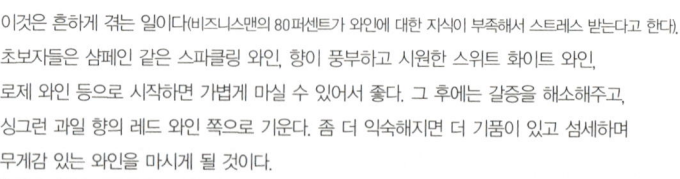

이것은 흔하게 겪는 일이다(비즈니스맨의 80퍼센트가 와인에 대한 지식이 부족해서 스트레스 받는다고 한다).
초보자들은 샴페인 같은 스파클링 와인, 향이 풍부하고 시원한 스위트 화이트 와인,
로제 와인 등으로 시작하면 가볍게 마실 수 있어서 좋다. 그 후에는 갈증을 해소해주고,
싱그런 과일 향의 레드 와인 쪽으로 기운다. 좀 더 익숙해지면 더 기품이 있고 섬세하며
무게감 있는 와인을 마시게 될 것이다.
시간이 더 지나면 블렌딩 와인으로 넘어갈 수도 있다.

마시거나 새로운 와인을 발견하는 것만큼 친구들 사이에 기분 좋은 것도 없다. 스트레스나 콤플렉스 없이 자유롭게 느낌을 나눌 수 있다.

와인 전문가 와인에 대한 해박한 지식을 자랑하는 손님이라면 조금 더 까다로워진다. 가장 고급스러운 와인, 프랑스의 유명한 와인이라면 물론 좋아할 것이다. 그럴 만한 능력이 있다면, 샤토 마고Château Margaux, 샤토 코 데스투르넬Château Cos d'Estournel, 샤토 피쟉, 샤토 오존Château Ausone, 샤토 디켐 등 보르도 그랑 크뤼나 유명한 샤블리 레클로Chablis les clos, 코트 드뉘 로마네콩티Côtes de Nuit Romanée-Conti, 코트드본 몽트라셰Côtes de Beaune Montrachet 등 유명한 부르고뉴 와인을 선택하는 편이 안전하다. 가장 비싼 선택이기도 하다.

예산이 부족하다면 유명한 보르도 그랑 크뤼 샤토의 세컨드 와인을 골라도 된다. 좀 더 어린 포도나무에서 수확한 포도로 만들었지만 유명한 와인과 동일한 기술과 정성 어린 손질 덕분에 맛이 훌륭하다. 다만 그랑 크뤼에 비해서 농축이 덜 되었기 때문에 숙성에 적합하지 않으므로 빨리 마셔야 한다. 예를 들면, 르 프티 무통 드 무통 로칠드Le Petit Mouton de Mouton Rothschild, 피숑 바롱 레 투렐 드 롱그빌Pichon Baron les Tourelles de Longueville, 오바타이 라 투르 다스픽Haut-Batailley la Tour d'Aspic, 에르미타주 드 샤스스플린Hermitage de Chasse-Spleen 등이 있다.

완전히 색다른 와인을 내놓아도 된다. 칠레의 알마비바Almaviva, 이태리의 DOCG인 바롤로Barolo, 바르바레스코Barbaresco, 아스티Asti 등이 그것이다. 이들이 정말 애호가라면 새로운 모험을 즐길 것이다. 와인을 고르기 어렵다면 전문 매장에서 전문가의 도움을 얼마든지 받을 수 있다. 주의할 것은 반드시 잘 어울리는 음식을 골라야 와인의 빼어난 맛이 한층 더 드러날 수 있다는 것이다. 자, 이제는 필요하다면 디캔터를 꺼내야 할 때다!

라벨 전문가 드문 경우지만, 만약 손님들이 '라벨 전문가'라면 와인 고르기가 정말 어려워진다. 와인의 아로마와 맛보다는 라벨과 브랜드 명을 외우는 것으로 와인을 즐기는 부류다. 그래서 여러분이 선정한 와인이 맛이 좋은데도 자신들이 외운 리스트에 포함되지 않았다는 이유만으로 비판적인 반응을 보이는 경우가 종종 있다.

이런 손님들의 경우 예산이 충분하다면 위에 추천한 고급 와인들을 내놓으면 좋다. 주머니를 너무 가볍게 하고 싶지 않다면 프랑스 와인 중에서 보르도 그랑 크뤼 세컨드 와인급이나 패션 잡지에서 최근에 홍보한 트렌디한 와인을 내놓아도 된다. 이때 역시 와인 자체의 맛보다는 화제가 된 뭔가를 마신다는 만족감이 더 크다. 스노비즘(snobism, 고상한 체하는 속물근성)이라 해도 어쩔 수 없다.

음식에 따라 좋은 와인을 제대로 즐기려면 음식 궁합의 원칙을 따라야 한다. 와인 애호가들이 와인만 마시는 경우는 드물다. 와인 맛을 한층 드높일 수 있는 음식을 곁들이기 마련이다. 이때 역시 뚜렷한 규칙이 있는 것은 아니지만 대부분 상식적으로 생각할 수 있는 원칙이 몇 가지 있다.

우선 고기는 레드 와인, 생선은 화이트 와인과 함께해야 한다는 어디에서 왔는지도 모르는 규칙 같은 것은 잊어버리자. 보르도 와인 스쿨의 선생님들은 항상 '자유'를 잊지 말라고 얘기하곤 했다. 어떤 맛이라도 자연스럽게 내 입맛에 맞으면 특이한 조합이어도 상관없는 것이다. 그건 나의 선택이니까……. 와인 스쿨을 다닐 때, 강의와는 별개로 소그룹으로 식당에 가서 여러 종류의 와인을 마셔보곤 했다. 네댓 개의 코스 메뉴를 시켜 놓고, 각 코스별로 서너 종류의 와인과 곁들이면서 우리의 시음 노트에 최상의 음식 궁합을 적었다. 정답이 딱 하나 있는 것이 아니라 더 낫거나 덜 나은 맛의 만남을 알아가는 과정이었는데, 굉장히 유익한 경험이었다.

조금만 훈련하면 와인과 음식 궁합의 원칙을 이해하고 자신의 식습관에 응용할 수 있다. 직접 해보면 된다! 대체적으로 서양 요리와 관련된 인터넷 사이트나 책을 보면 각 요리별로 한두 종류의 와인을 추천한다. 그래도 손님이나 자신의 취향을 염두에 두면서 모험 정신을 갖고 조금 독특한 와인을 직접 제안해보는 것도 좋다. 앞에서도 말했듯이, 프랑스 속담처럼 대장장이 일을 하면서 비로소 대장장이가 되는 것이다.

최고의 음식 궁합을 위해서 다음을 반드시 지키도록 하자.

음식 궁합과 네 가지 기본 맛 우리의 혀는 짠맛, 단맛, 신맛, 쓴맛의 기본 맛에 민감하다. 짠맛을 제외하고는 이 기본 맛을 와인에서 발견할 수 있다. 음식 궁합에 맞추려면 네 가지 기본 맛 중 어느 하나가 두드러지지 않게 조심스레 시도해보면 된다.

짠 음식과 함께라면 갈증을 해소해줘야 한다. 소금은 목을 타게 하므로 너무 복잡한 올드 레드 와인이나 화이트 와인은 피하도록 한다. 맛이 더 강해질 수 있다. 반대로 영하고 과일 향이 풍부하면서 새콤한 와인이 적당하다. 프랑스 뮈스카데, 사부아Savoie 와인, 샤르도네 품종의 와인, 리즐링 품종으로 만든 독일 와인 등이 좋다.

단 음식을 먹을 때라면, 예를 들어 파인애플, 복숭아, 부사사과, 배, 체리, 혹은 건과일 중에서 자두, 대추야자, 대추 같은 달콤한 과일과 드라이 와인을 곁들이면 맛이 강해진다. 타닌이 강한 레드 와인의 경우 수렴성이 더 도드라질 것이며, 드라이 화이트 와인의 경우 맛이 너무 강할 것이다. 오히려 과일 향이 풍부하고 알코올 함량이 많은 달콤한 와인을 고르는 것이 바람직하다. 보르도 화이트 와인 중 달콤한 와인, 게부르츠트라미너 품종 와인이 좋다. 나는 디저트에 샴페인을 마시는 것을 상당히 좋아한다. 특히 초콜릿 디저트와 함께 마시면 그야말로 환상적이다!

소테른Sauternes, 바르삭Barsac 와인 혹은 다른 리큐어 같은 디저트 와인은 주의해야 한다. 첫 잔은 너무나 달콤하지만, 한국인들의 입맛에는 지나치게 달다고 한다. 가뜩이나 단 디저트에 단맛을 더 보태는 것이 한국인들에게는 부담스러운 모양이니 디저트 와인은 다른 용도로 사용하는 것이 나을 것이다. 여러분이 단맛 애호가라면 물론 문제없다.

갈비나 불고기처럼 달착지근한 음식은 갈증을 느끼게 한다. 이럴 때는 시원하면서도 과일 향이 나고 아로마가 풍부하며 약간 달콤한 레드

와인이나 화이트 와인을 곁들이면 좋다. 영 와인으로 보르도, 보졸레, 론 와인, 품종으로는 피노 누아나 메를로가 잘 맞는다.

다음으로 신 음식과 와인을 함께할 경우, 요리가 신맛이 강하다면 어떠한 와인도 어울리지 않는다. 신맛은 와인의 아로마를 즐기지 못하게 한다. 만약에 타닌이 강하고 성숙한 와인이라면 불쾌하게 느껴질 수도 있다. 지나치게 시지 않다면 단순하고 소박하면서 갈증을 해소해주는 영한 화이트 와인이나 로제 와인을 고르면 된다.

불행히도 김치와는 어울리는 와인이 없다. 직접 먹어보면 잘 알 수 있을 것이다. 반면에 김치 볶음이나 김치전과는 스위트나 세미 스위트 와인, 심지어 위에서 언급한 디저트 와인도 잘 어울린다. 한국인 친구들이 상당히 마음에 들어했다!

마지막으로 쓴 음식과도 역시 와인이 잘 어우러지지 않는다. 시금치 밑둥 부분, 도라지, 혹은 다크 초콜릿 같은 경우 맞는 와인을 찾기 힘들다. 이렇게 음식에 씁쓸한 맛이 있나면 달콤한 와인을 고르는 편이 안전하다. 프랑스 쥐라Jura의 뮈스카 품종 와인이나 역시 쥐라에서 나는 독특한 노란빛 와인 뱅 존vin jaune, 혹은 헝가리 토카이 와인이 어울린다. 그리고 양조시 발효 과정 도중에 알코올을 첨가해 발효를 중지시켜서 달콤한 맛은 남고 알코올 함량은 많은, 프랑스 남부에서 생산되는 뱅 두 나튀렐vin doux naturel이나 역시 달콤하고 알코올이 강한 리큐어 와인도 좋다.

질감의 조화 특별히 강한 맛이 도드라지지 않는 간단한 음식이라면 타닌이 적은 영 라이트 와인으로 과일 향이 강한 레드 와인이나 화이트 혹은 로제 와인이 어울린다. 예를 들어 로스트 치킨이나 모든 종류의 전에는 영한 보르도 와인, 보졸레, 이태리의 과일 향이 풍부한 와인, 프로방스의 로제 와인 등이 좋다.

기름진 음식에는 갈증을 해소해주는 와인이 좋다. 햇빛을 충분히 받은 메를로 품종으로 만든 칠레 혹은 호주산 레드 와인, 게부르츠트라미너 품종 와인, 과일 향이 풍부한 스페인 혹은 이태리산 레드 와인이나 화이트 와인, 샤르도네 품종 와인도 잘 어울린다. 삼겹살 구이에는 게부르츠트라미너나 샤르도네 품종 와인, 크림 소스 스파게티에는 메를로 품종으로만 만든 와인이나 호주산 시라 품종 와인이 잘 맞는다.

풍미가 강한 음식이라면 입 안에서 맛이 조화를 이룰 수 있도록 강한 성격의 레드나 화이트 와인이 좋다. 스테이크에는 프랑스 보르도 메독이나 부르고뉴 코트드뉘 레드 와인, 칠레산 카베르네 소비뇽 품종의 와인이 잘 맞고, 유황 오리에는 부르고뉴 와인, 보르도 생테밀리옹 와인 혹은 말벡이나 호주산 쉬라즈 품종만으로 만든 단일 품종 와인이 잘 어울린다. 한편 생선이나 갑각류, 생조개에는 프랑스 상세르^{Sancerre}나 뮈스카데, 보르도 그라브의 화이트 와인과 독일산 리즐링 품종의 와인이 좋다.

반드시 피해야 할 실수 다음 음식과는 절대로 와인을 곁들이지 않는다.

식초에는 물, 물, 오직 물. 다른 어떤 것도 불가능하다. 샐러드나 식초에 절인 생선과 와인은 어울리지 않는다. 식초 베이스를 사용하는 미국식 스테이크 소스도 주의해야 한다.

지나치게 시거나 씁쓸한 맛도 와인과 맞지 않는다. 앞에서 말했듯이 김치와 와인은 함께 먹으면 김치 맛은 와인 맛을 죽이고, 와인은 김치 맛을 불쾌하게 만든다. 다만 김치를 익힌 경우에는 시원한 스위트 화이트 와인과 어울린다.

따뜻한 수프에 와인을 곁들일 경우엔 질감과 온도 모두 문제가 된다. 액체와 액체의 만남은 그다지 환상적이지 않다. 더군다나 수프가 따뜻하기 때문에 알코올의 효과가 더 강조되어 금세 얼굴과 머리가 달아오르는 것을 느낄 것이다.

한국인들이 제일 좋아하는 매운 맛 한국이나 인도 요리처럼 매운 맛이 강하거나, 중국이나 극동 지방처럼 새콤달콤한 맛이 강한 동양의 음식과 어울리는 유일한 와인은 게부르츠트라미너 품종의 와인, 프랑스 코트 뒤론 화이트 와인, 뱅 두 나튀렐처럼 시원하고 아로마가 풍부하면서 골격이 잘 짜여져 있는 화이트 와인이다. 양념 구이나 바비큐와는 과일 향의 라이트한 와인도 어울린다.

레드 와인 총정리표

	과일 향의 라이트 레드 와인	과일 향의 다즙질 레드 와인
타입	마시기 쉬운, 목을 축이는 와인이다. 타닌이 적으며, 산도가 낮고, 갈증을 해소해 준다. 과일 향과 꽃 향이 풍부하다.	단순하지만 타닌이 조금 더 있다. 오크통에서 숙성하지 않는다. 붉은 과일과 향신료 향이 난다
품종	가메, 피노 누아, 카베르네 프랑	카베르네 프랑, 카리냥, 메를로, 피노 누아, 시라, 이태리의 산지오베제
생산지	프랑스 보졸레, 앙주Anjou 부르고뉴, 코토 뒤 리오네Côteaux du Lyonnais 알자스, 이태리의 발포리첼라Valpolicella	프랑스 보르도 쉬페리외르Bordeaux Superieur 베르제락Bergerac 코트뒤론빌라주Côtes-du-Rhône-Villages 코트 드 프로방스Cotes de Provence 이태리의 키안티
음식 궁합	간단한 요리, 여름 음식, 치즈, 보쌈, 삼겹살, 전	사냥 고기, 불고기, 갈비 구이
마시는 시기와 적절한 온도	병입 후 3년이 지나기 전, 영할 때 마신다. 12~14도	병입 후 1~2년 숙성시켜 마신다. 15~17도

기품 있고 우아하며 복합적인 레드 와인	기품 있고 타닌이 강한 복합적인 레드 와인	강직하고 풍부한 맛과 질감의 복합적인 레드 와인
프랑스 부르고뉴의 프르미에 크뤼(1등급 와인)나 그랑 크뤼가 주를 이루며 드문 와인이다. 잔잔한 붉은 과일, 장미, 숲, 사냥 고기 향이 난다.	대체적으로 비싼 와인이다. 영할 때는 수렴성이 있다가, 오크통에서 숙성되면서 점차 기품 있고 벨벳 같은 느낌의 와인이 된다. 검은 과일 향과 우드, 토스트, 향신료 향이 풍부하다.	알코올과 타닌이 풍부하며 개성이 강한 풀보디 와인이다. 우드 향과 오디, 체리, 자두 등 검은 과일의 향이 풍부하며 끝맛은 복합적이면서도 강하다. 오크통에서 숙성되어 섬세한 맛이 난다.
피노 누아	카베르네 소비뇽, 무르베드르, 시라, 이태리의 네비올로	카리냥, 그르나슈, 메를로, 말벡, 시라, 카베르네 프랑, 무르베드르
프랑스 부르고뉴 코트드르Côte d'Or이 프르미에 크뤼와 그랑 크뤼, 코트드뉘, 코트드본Côte de Beaune 미국 오리건의 고급 와인 생산지	프랑스 방돌Bandol 고드로티, 에르미타주, 프랑스 보르도의 고급 와인(그랑 크뤼) 생산지, 이태리의 바롤로, 미국 캘리포니아나 칠레의 고급 와인 생산지	프랑스 샤토뇌프뒤파프, 코르비에르Corbières 프롱삭Fronsac, 마디랑Madiran 포므롤Pomerol 라랑드 드 포므롤Lalande de Pomerol 생테밀리옹 그랑 크뤼, 스페인의 리오하, 칠레(메를로 품종), 호주(시라와 말벡 품종)
지글지글 끓여먹는 음식, 코코뱅, 갈비찜, 조림, 고기 구이, 부드러운 치즈	풍미가 강한 음식이되 지나치게 기름지거나 맵지 않은 음식. 유황 오리, 구이, 찜	풍미가 강한 음식이되 지나치게 기름지거나 맵지 않은 음식. 오븐 구이나 양념한 고기, 맛이 강한 버섯이나 치즈, 오리
병입 후 최소 5년간 숙성시거 마신다. 16~17도	병입 후 최소 5년가 숙성시켜 마신다. 16~17도	병입 후 최소 3년간 숙성시켜 마신다. 영할 때 씁쓸한 맛이 나면 디캔팅을 한다. 15~17도

화이트 와인 총정리표

	🟩 활력 있고 라이트한 드라이 화이트 와인	🟨 과일 향의 유연한 드라이 화이트 와인
타입	생동감 있고, 마시기 편하며, 갈증을 해소해준다. 과일과 꽃 향이 난다.	자몽, 레몬, 귤과 같은 감귤류의 과일 향이 강하다. 유연하고 신선한 맛이 난다.
품종	알리고테, 샤르도네 피노 블랑, 소비뇽 블랑, 실바너Sylvaner	샤르도네, 슈냉 블랑, 클레레트, 모작Mauzac 소비뇽, 세미용, 이태리의 베르멘티노Vermentino
생산지	부르고뉴 알리고테, 앙트르되메르, 마콩빌라주Macon-Village	프랑스 남부 방돌, 카시스Cassis 코트드블레, 코트드프로방스, 그라브, 푸이퓌메Pouilly-Fumé 푸이 퓌세Pouilly-Fuissé 몽루이Montlouis, 상세르, 코르시카 와인
음식 궁합	간단한 요리. 해산물, 회, 익힌 채소 혹은 생 채소, 생선 구이, 튀김, 삼겹살	간단한 요리 혹은 좀 더 복잡한 요리, 돼지고기 구이, 해산물 요리, 생선 구이, 해산물 파스타
마시는 시기와 적절한 온도	아주 영할 때 차갑게 마신다. 8도	병입 후 3년 내 영할 때 마신다. 8~10도

기품 있고 묵직한 드라이 화이트 와인	아로마가 강한 화이트 와인	세미 스위트, 스위트, 리큐어 와인
맛이 복합적이며 풍부하며 보디감이 있는 와인이다. 적당한 산도가 기분 좋게 느껴지며 오크통에서 숙성했기 때문에 우드, 바닐라, 흰 꽃, 크림 향이 난다.	풍성한 아로마가 특징이다. 게부르츠트라미너➡이국적인 과일 향 비오니에➡살구와 복숭아 향 피노 그리➡훈제, 향신료, 꿀 향 리즐링➡광물성, 석유 향 스페인의 팔로미노➡호두, 향신료	다른 화이트 와인에 비해 다소 당도가 느껴진다. 만생종 혹은 귀부 포도로 만들어져 꿀, 과일, 말린 과일의 풍부한 향이 오래 지속된다.
슈냉 블랑, 소비뇽 블랑, 샤르도네, 세미용, 마르산Marsanne, 리즐링, 루산Roussane	게부르츠트라미너, 비오니에 피노 그리, 리즐링, 스페인의 팔로미노	슈냉 블랑, 소비뇽 블랑, 세미용, 뮈스카델, 뮈스카, 게부르츠트라미너, 리즐링, 알자스의 피노 그리
프랑스 부르고뉴 샤블리, 뫼르소, 몽트라셰, 샤샤뉴 몽트라셰, 부르도 페사 레오냥, 루아르, 칠레(샤르도네 품종), 캘리포니아	프랑스 쥐라의 뱅 존, 알지스와 독일, 스페인	세롱Cérons 몽바지약Monbazillac 소테른, 몽루이, 루아르의 부브레Vouvray
미식가를 위한 요리. 가리비 관자 요리, 가재, 고급 해산물, 버섯, 가금류, 크림 소스가 들어간 요리	특별하고도 아로마가 풍부한 요리. 커리, 미국식 가재 요리, 훈제 생선, 에스트라곤 연어, 강한 치즈	크림이 많고 기름진 요리. 익힌 김치 요리, 향신료가 많이 들어간 요리. 다크 초콜릿, 블루 치즈 아페리티프(aperitif, 식전주)로 좋다.
병입 후 3~5년 숙성시켜 마신다. 10~12도	병입 후 3~5년 숙성시켜서 10~12도의 온도로 마신다. 비오니에 품종의 경우는 영할 때 8~10도 정도로 마신다.	병입 후 3년~5년 숙성시켜 마신다 8~10도

로제 와인, 스파클링 와인, 스위트 와인 총정리표

	생기 있는 과일 향의 로제 와인	골격이 있고 알코올이 강한 로제 와인
타입	햇와인으로 마신다. 압착 과정을 통해 얻은 로제 와인으로 새콤하다. 갈증을 해소하고 과일, 꽃 향이 강하다.	갈증을 해소해주는 와인이지만 압착 로제 와인보다 덜 새콤하고 알코올은 더 강하다. 균형잡힌 부드러운 맛이 나며 포도 껍질을 침용해서 얻은 로제 와인이기 때문에 타닌이 살짝 느껴진다.
품종	카베르네 프랑, 카리냥, 생소Cinsault 그르나슈, 풀사르Poulsard	카리냥, 그르나슈, 메를로, 무르베드르, 피노 누아, 시라
생산지	프랑스 코토덱스Côteaux-d'Aix 코트드프로방스, 코트뒤쥐라, 루아르	프랑스 방돌, 보르도 클레레Bordeaux Clairet 코토뒤랑그독Coteaux-du-Languedoc 코트뒤론, 리락Lirac 마르사네Marsannay, 타벨Tavel
음식 궁합	가벼운 여름 음식. 생 채소, 샐러드, 파스타, 타파스, 피자, 각종 전, 파전	맛이 강한 여름 음식. 올리브 오일로 요리한 음식, 채소, 생선
마시는 시기와 적절한 온도	영할 때 9~10도로 제법 시원하게 마신다.	병입 후 2년 내에 마신다. 8~10도

스파클링 와인	뱅 두 나튀렐, 리큐어 와인
파티 와인으로 입 안에서 가볍고, 생기가 느껴지며 상쾌하다. 과일과 꽃의 섬세한 향이 특징적이다.	뱅 두 나튀렐: 꽃과 과일 향이 나는 야성적인 와인이다. 지속적이면서도 감미로운 맛을 낸다. 리큐어 와인: 포도즙에 브랜디를 넣어 만든다.
카베르네 프랑, 슈냉 블랑, 뮈스카, 샤르도네, 클레레트, 모작, 메를로, 피노 블랑, 피노 누아, 피노 뫼니에 소비뇽 블랑, 사바냉Savagnin	그르나슈 그리, 그르나슈 누아 뱅 두 나튀렐 레드 와인 품종 : 마카베오Maccabeo 뱅 두 나튀렐 화이트 와인 품종 : 뮈스카 화이트 리큐어 와인 품종 : 콜롱바르Colombard 레드 리큐어 와인 품종 : 메를로, 카베르네 소비뇽
프랑스 샹파뉴, 블랑케트드리무Blanquette de limoux 클레레트드디Clairette de Die, 알자스, 부르고뉴, 쥐라의 크레망Crémant, 몽루이, 부브레, 스페인의 카바Cava 이태리의 아스티 스푸만테Asti spumante와 프로세코Prosecco, 독일의 젝트Sekt	뱅 두 나튀렐 : 포르토, 바뉠Banyul, 뮈스카 리브질트Rivesaltes, 모리Maury, 라스토Rasteau 뮈스카드봉드브니스Muscat de Beaumes de Venise 제레스Xeres, 마데르Madère, 말라가Malaga 리큐어 와인 : 피노데샤랑트Pineau des Charentes 플로드가스코뉴Floc de Gascogne 쥐라의 막뱅Macvin
아페리티프로 안성맞춤이다. 식사 때에는 생선 요리와 샴페인 브뤼, 디저트에는 샴페인 드라이 혹은 세미 스위트가 어울린다. 너무 단 디저트에 샴페인 브뤼을 곁들이면 샴페인의 산도가 강조되므로 세미 드라이 샴페인으로 선택한다.	아페리티프로 좋다. 너무 달지 않다면 디저트에 곁들일 수 있다. 포르토나 바뉠 와인과 초콜릿은 잘 어울린다. 레드 리큐어 와인은 푸아그라 혹은 풍미가 강하고 기름진 음식과 잘 맞고 화이트 리큐어 와인은 볶은 김치 같은 양념이 강한 음식에 곁들이면 좋다.
영할 때 8~10도로 마신다.	영할 때, 혹은 병입 후 3~5년 내 16~22도 정도 상온에서 마신다.

STORY **THREE** 와인, 어떻게 마실까?

와인 보관과 서빙의 비밀

와인은 까다롭다?

와인에 관심을 갖기 시작한 이후로 와인에 대한 언급이나 비평에 대해 훨씬 민감한 반응을 보이게 된 것이 사실이다. 특히 한국의 와인 초보자, 애호가들이 어려워하는 점, 궁금해하는 점에 귀를 기울이려고 하는 편이다. 그러나 아무런 이유 없이 그저 와인이 복잡해 보여서 짜증난다는 사람, 와인 문화가 너무 부풀려져 있고 속물적이라고 말하는 사람, 격식 차리며 와인을 마시느니 그저 소주나 맥주 한잔 들이키는 게 훨씬 편하다고 말하는 사람들을 볼 때마다 속상하다.

와인은 격식과 전통이 있어서 어느 정도 수준이 되면 골치 아파지는 것도 사실이다. 카브, 보관 온도, 서빙 온도, 디캔팅decanting, 에어레이션aeration 역시 까다롭긴 하다. 하지만 누구이 말하지만 프랑스인들조차 와인을 잘 알지 못한다. 그저 괜찮은 와인인지 아닌지 맛으로 느낄 수 있는 정도다. 열정적인 와인 애호가라면 복잡한 용어, 격식, 절차 등 모든 게 소중할 것이다. 그러나 초보자라면 와인의 좋은 맛과 효능만 알면 충분하다. 괜스레 스트레스 받을 필요 없다.

와인과 김치

발효 음료인 와인은, 김치가 없으면 안 되는 한국인들에게는 이해하기 쉬운 주제일 수 있다. 김치와 마찬가지로 와인은 전용 냉장고나 카브와 같이 적당한 온도에서 보관해야 하며, 세월과 함께 맛이 변화하는 살아 있는 식품이다. 어떻게 보관하느냐에 따라 맛이 달라진다. 친구가 선물한 김치를 예쁜 도자기 그릇에 담아 마루에 전시하는 사람은 없을 것이다. 마찬가지로 비싼 와인을 선물 받았을 때는 김치처럼 곧바로 냉장 보관해야만 그 맛을 최대한 즐길 수 있다.

각 지방마다 김치 종류가 다르고, 가족마다 우리 집만의 김치 맛이 있듯이 와인도 마찬가지다. 각 지방, 테루아르, 와이너리마다 고유의 맛, 와인의 성격이 있다. 또한 배추김치를 좋아하는 사람이 있는가 하면 파김치를 좋아하는 사람도 있다. 한국인이라면 모두 김치에 대해 자신만의 취향이 있다. 와인도 마찬가지여서 좋은 와인은 모두에게 환영받지만 그래도 자기만의 호불호가 있다. 갓 담은 김치는 신선한 맛이 있고, 발효가 진행된 익은 김치는 깊은 맛이 우러난다. 와인도 갓 만든 영 와인, 오래 숙성시킨 올드 와인이 있으니 이렇듯 김치와 와인은 공통점이 많다. 그렇기 때문에 한국인이라면 와인에 더욱 쉽게 접근할 수

있다고 생각한다.

와인을 둘러싼 규칙과 서빙 전통 때문에 당황할 필요는 없다. 어느 정도 시원한 곳에 와인을 보관하고, 화이트 와인, 스파클링 와인, 로제 와인은 차갑게, 레드 와인은 상온으로 서빙한다면 어려울 게 전혀 없다. 와인을 마실 때에는 단순한 모양의 와인 잔만 있으면 된다. 그마저 없다면 그냥 평범한 잔이면 된다. 디캔팅? 에어레이션? 물론 물론 규칙대로 와인을 마시려면 필요한 절차일 것이다. 하지만 보통 프랑스 사람들은 이러한 것들을 하지 않는다. 그래도 1년에 와인을 평균 55리터씩 마시는 데 전혀 문제가 없다.

와인이 까다롭다고? 그 전통과 열정이 수세기를 거쳐 지금까지 왔다. 그렇다면 분명 그럴 만한 이유가 있는 것이다.

집에서 와인을 보관하려면

선물로 와인을 한 병 받거나, 필요할 때마다 한 병씩 산다면 간단하다. 나의 조언은 그냥 즐기라는 것이다. 인생은 한 번뿐이고, 와인은 행복이자 나눔이자 자유다. 친구들과, 좋아하는 사람들과 함께 마시면 되는 것이다. 하지만 나처럼 집에 여러 병의 와인이 있다면 이야기가 달라진다. 와인은 살아 있는 것이므로 조심히 다루어야 한다.

가장 이상적인 보관 장소는 12~14도의 안정적인 온도에 습도는 70~80퍼센트가 유지되는, 통풍이 잘 되며 어둡고 진동이 없는 곳이다. 각 조건을 자세히 알아보자.

온도 와인을 보관하려면 온도를 시원하게 유지해줘야 한다. 20도가 넘어가면 와인은 빨리 노화되어 원래의 색깔과 아로마를 잃게 된다. 가장 해로운 것은 온도가 들쑥날쑥 변하는 것이다.

한국에서는 연중 온도차가 커서 겨울에는 영하 5도까지 떨어졌다가 여름에는 30도 넘게 올라간다. 냉난방이 잘되는 실내의 온도는 겨울에는 25~26도, 여름에는 18도이기 때문에 와인을 보관하기에는 적합하지 않다.

빛 빛은 와인에 해롭다. 그렇기 때문에 어둡고 조명이 약한 곳에 보관해야 한다.

습도 습도가 지나치게 낮으면 마개가 건조해져서 와인의 아로마가 날아가거나 최악의 경우 와인이 샐 수도 있다. 습도가 지나치게 높으면 마개에 곰팡이가 생길 수 있다.

안정성, 청결성, 통풍 진동은 와인에 해롭다. 또한 병을 자주 움직이는 것은 바람직하지 않다. 마개로 곰팡이나 냄새가 늘어가지 못하도록 보관하는 장소는 반드시 청결해야 하며, 통풍이 잘 되어야 한다.

근사하게 보이려고 와인을 거실에 전시하는 것은 금물이다. 보기에는 멋있을지 몰라도 위 조건들과 하나도 맞지 않아서 결국은 와인이 변질되고 말 것이다. 와인이 단 한 병뿐이어도 반드시 눕혀서 적당한 장소에 보관해야 한다. 그렇게 해야만 젖은 마개가 팽창해서 공기가 못 들어가게 막아준다.

하지만, 와인 저장고가 없어요!

좀 비싸지만 와인 셀러cellar를 구매하면 좋다. 와인 셀러는 일종의 와인 냉장고로
보통 3~4백만 원대가 많지만 요즘에는 크기도 작고 간단한 제품들이
1백만 원 미만 가격대에도 선보이고 있다.
와인이 많지 않으면 김치 냉장고의 온도를 와인에 맞게
조절해서 보관하는 것도 좋은 방법이다. 건물 주차장 같은 지하 공간이 위에서 말한
와인 보관 조건에 적당하게 맞는 곳이 있다면 그곳에 두어도 좋다.
와인이 서너 병뿐이라면 종이에 잘 싸서 주방 다용도실이나
베란다의 그늘지고 시원한 곳에 눕혀서 보관해도 된다.
그러나 화이트 와인이나 삼페인의 경우 냉장고로 직행시켜야 한다.

소장 가치가 있는 와인 보관

마시기 전 와인 보관과 별개로 소장 가치가 있는 와인을 어떻게 보관할
것인가는 와인 애호가들에게 중요한 문제다.

모든 와인은 자신의 리듬에 맞춰 성숙되며, 일부 와인은 맛이 일찍 들고 일찍 진다. 대표적인 예로 보졸레 누보는 '햇와인'으로 대대적인 마케팅을 펼치며 그해 수확한 포도로 만들어 바로 11월에 마시는 와인이다. 또한 대부분의 화이트와 로제 와인이 해당된다.

반면에 장기 보관용 와인은 아로마와 고유의 성질이 빛을 발하기까지 시간이 조금 더 걸린다. 숙성했을 때의 품질은 품종이나 테루아르, 포도나무의 나이, 기후, 필요한 타닌을 적절히 추출하는 양조 기술에 따라 달라진다.

장기 보관용 와인이라면 보르도 페삭레오냥과 그라브의 그랑 크뤼를 비롯하여 부르고뉴, 코트로티^{Côtes-Rôties}, 샤토뇌프뒤파프, 카오르, 마디랑, 모든 리큐어 화이트 와인, 이태리의 바롤로, 피에몬테의 바르바레스코, 키안티 클라시코, 스페인의 리오하와 리베라 델 두에로^{Ribera Del Duero}, 독일 와인 중에서는 모젤^{Mosel}과 라인^{Rein}의 리큐어 화이트 와인, 헝가리의 토카이^{Tokaji} 와인, 품종으로 살펴보면 미국 나파 밸리^{Napa Valley} 카베르네 소비뇽, 오리건의 피노 누아, 칠레와 아르헨티나의 메를로, 호주에서는 헌터 밸리^{Hunter Valley}와 바로사^{Barossa}의 쉬라즈를 꼽을 수 있겠다.

하지만 와인의 맛이 한층 더 좋아지길 기다리는 소장의 기쁨은 장기 보관용 와인이 한 상자 혹은 적어도 여러 병은 있어야 유효한 것이다. 시간이 흐르면서 때때로 한 병을 꺼내서 적당히 숙성되었는지 얼마나 더 기다려야 할지 마셔보기도 해야 한다. 집에 와인을 보관할 만한 적당한 장소도 없고 이런 와인이 단 한 병이라면 그냥 지금 당장 즐거움을 만끽하는 것이 낫다.

이미 개봉한 와인 보관

한 번 개봉한 와인은 오래 보관할 수 없다. 프랑스 속담에 '한 번 빼낸 와인은 바로 마셔야 한다'는 말이 있다. 이 속담이 우리 일상 속에서 의미하는 바는 자신의 행동에 따른 직접적인 결과를 감수해야 한다는 것이다. 하지만 말 그대로 풀이하면 오크통에서 와인을 빼내거나 병을 개봉했다면 마셔야 한다는 것이다! 물론 그렇다고 해서 괜히 과음할 필요는 없다.

개봉한 와인을 다 마시지 않았다면 병 안에 있는 공기를 비우고 원래의 마개나 와인 스토퍼로 잘 막아주면 된다. 그리고 시원한 곳에 보관하고 48시간 이내에 마시는 것이 좋다. 와인은 병을 여는 순간 이미 공기가 들어가서 산화가 시작된다. 장기적으로 봤을 때 와인에 좋지 않으므로 빨리 마시는 것이 좋다. 그래서 와인은 친구 여럿이 모여 마시면 좋은 것이다.

만약 와인이 지나치게 산화되어버렸다면? 그렇다고 버릴 필요는 없다. 요리할 때 넣거나 식초를 만드는 등 활용 방법은 다양하다(285쪽 '와인 무궁무진 활용하기' 편 참조).

산화된 레드 와인은 불고기 양념 등 고기 요리 소스, 와인 절임 딸기나 와인 절임 배 등 시원한 디저트에 넣을 수 있고 발사믹 식초를 만들 수도 있다. 또 남아 있는 화이트 와인의 경우에는 생선 요리 소스, 해산물 스파게티, 홍합 요리에 넣는다. 거품이 빠진 샴페인은 닭을 오븐에 구울 때 중간에 혹은 다 구워지는 시점에 부어주면 좋다.

와인 잔 고르기

전문가들은 한결같이 잔을 잘 골라야 한다고 말한다. 하지만 좋은 잔도 와인이라는 보석을 돋보이게 해주는 케이스에 불과하다. 결국 주인공은 잔이 아니다.

어렸을 때 손님이 오시는 일요일이면 등장하는 식기들은 그야말로 예술이었다. 보르도 잔, 부르고뉴 잔, 알자스 잔, 포르토 잔 등 와인 잔만 해도 무척 다양했다. 그러나 그 정도로 잔에 신경 쓰던 시절은 이제 가버린 듯하다. 머리 싸맬 필요 없이 쉽게 즐기자.

좋은 와인 잔이라면 꼭 갖춰야 할 특징은 아래와 같은데, 한마디로 눈, 코, 입을 동시에 만족시켜야 한다.

- 우선, 단순한 형태로 투명하며, 안정감이 있도록 받침이 넓어야 한다.
- 다리가 길고 매끄러워야 잡았을 때 편안하다.
- 엎지르지 않고 관찰할 수 있도록 잔의 1/3, 즉 60~100ml 정도 채울 수 있어야 한다.
- 향을 잘 모아줄 수 있도록 꽃받침 모양이어야 한다.
- 시음시 코로 향을 맡을 수 있도록 입구 부분이 충분히 넓어야 한다.

다시 말해서 지나치게 장식이 되었거나, 색이 들었거나, 값비싼 잔은 필요 없다. 크리스털 잔은 매우 투명해서 와인을 자세히 관찰할 수 있지만 비싸기도 하고 깨지기 쉬워서 부담스럽다. 전문가들조차 프랑스 국립원산지명칭연구소(INAO)의 간결하게 디자인된 투명한 유리잔을 선호한다.

INAO 와인 잔   샴페인 잔

샴페인은 어떤 잔에? 샴페인이나 스파클링 와인은 플루트 모양 잔이 가장 적당하다. 기다란 형태의 잔에 3/4까지 채운다. 기다랗기 때문에 거품이 잘 발생하고 오래 지속된다. 입구가 좁기 때문에 샴페인의 달콤한 냄새를 하나도 놓치지 않을 수 있다. 넓은 샴페인 잔은 보기에 예쁘고 낭만적으로 느껴질 수 있으나 실제로는 별로다. 아로마와 거품층이 금세 사라져버리기 때문이다.

잔 보관 잔은 깨끗하고, 보관이 잘 돼 있어야 와인 맛을 살릴 수 있다. 제대로 헹구지 않았거나 잘 건조시키지 않으면 행주 냄새나 섬유 잔재 혹은 잔을 보관하던 종이 상자의 퀴퀴한 냄새가 남는 경우가 있다. 또한 되도록이면 식기 세척기는 피하는 편이 낫다. 세제 냄새가 남아 있을 수 있고 쉽사리 깨질 위험이 있기 때문이다.

가장 좋은 방법은 따뜻한 물로 깨끗이 씻어주는 것이다. 세제는 조금만 쓰고, 따뜻한 물에 충분히 헹군 뒤에 깨끗한 면 행주로 닦아 세워서 찬장에 보관하면 된다. 찬장 문은 닫아놓는다. 그리고 와인을 마시기 전에 잔을 꺼내서 공기를 쐬어준다. 혹은 서빙 직전에 와인으로 한 번 헹구어주는 것도 괜찮다. 방법은, 마실 와인을 조금만 따라서 잔에 향이 배도록 한 번 돌려준 후 버리면 된다.

와인 온도 맞추기

와인 평가에서 온도는 결정적인 요소다. 온도가 맞지 않으면 와인의 결점만 드러나 와인을 망칠 수 있다.

IDA DAUSSY TIP

★ SHOW를 해라!

크리스털 샴페인 잔이 있다면 잔으로 소리를 내서 친구들을 즐겁게 해줄 수 있다.
잔을 반쯤 채우고 잔에 손가락을 담가서 제법 빠르게 잔 둘레를 따라 휘저어준다.
몇 초가 지나면 잔에서 신비로운 소리가 난다. 더욱 즐거운 분위기를 내는 데 효과 만점이다.
샴페인을 따를 때 잔에서 넘치는 경우가 있다. 이럴 때는 잔에서 넘친 거품을
손가락으로 조금 찍어서 귀 뒤에 발라주면 행운이 온다고 한다.

★ 손님 수가 많은데, 잔이 충분하지 않아요!

초대한 손님이 10명이 넘는데 잔이 충분하지 않다면 친구한테 빌려본다.
급할 때는 와인이나 샴페인 전용의 꽃받침 모양 일회용 잔을 사용하는 것도 괜찮다.
하지만 좁다랗고 평범한 모양의 일회용 잔이나 이보다 더 끔찍한
종이컵은 절대 사용해서는 안 된다. 절대로!

와인의 이상적인 온도는 대략 다음과 같다.

- 스위트 와인 8℃
- 스파클링 와인이나 샴페인 8 ℃
- 일반 드라이 화이트 와인이나 로제 와인 8~10℃
- 그랑 크뤼처럼 유명한 화이트 와인이나 클레레 11~12℃
- 레드 와인 16~18 ℃(실온)

온도가 따뜻하면 와인의 산도가 강조된다. 떫은 맛을 없애려면 화이트 와인은 시원한 온도에서 서빙해야 한다. 그러면 산도와 와인의 과일 맛이 결합되어 시원하게 갈증을 해소시켜 준다. 그러나 너무 차가우면 입 안이나 코에서 아로마가 제대로 발산되지 않을 수도 있다.

또한 와인은 더위에 민감하다. 20도가 넘는 따뜻한 온도의 레드 와인은 와인의 균형감과 맛을 잃는다(315쪽 '온도에 따라 변히는 와인 게임' 편 참조)

와인을 시원하게 하는 가장 효과적인 방법은 아이스 버킷을 사용하는 것이다. 와인 병을 3/4 이상 파묻어야 한다. 20도에서 8도까지 떨어뜨리는 데 약 10~15분 정도 소요된다. 냉장고에서 식히려면 1시간 30분~2시간 정도 걸린다. 차게 하겠다는 생각으로 냉동실에 넣는 것은 금물이다. 병이 터질 위험이 있기 때문이다. 더군다나 온도가 급격하게 떨어지면 와인이 불안정해질 수 있다.

와인이 너무 차갑다면, 잔에 따르면 금세 따뜻해진다. 5~10분만에 2~3도 정도 상승한다고 봐야 한다. 와인을 데우고 싶을 때 가장 좋은

방법은 2~3시간 정도 18도 이하 상온에 두는 것이다. 온돌 바닥, 오븐, 난방 장치 등 뜨거운 곳 옆에 와인을 보관하는 것은 금물이다. 한 번 뜨거운 열을 받으면 와인 맛을 완전히 버릴 수 있다.

와인 병 개봉

전통적인 코르크 병 마개 외에도 요즘에는 새로운 마개가 많이 등장했다. 플라스틱이나 돌려서 여는 스크류 마개가 그 예인데, 생산 비용이 저렴하고 열기도 쉽다는 장점이 있다. 또한 코르크로 인해 와인이 변질될 위험도 없다. 하지만 낭만적이지가 않다! 와인 병을 열 때 코르크 마개가 내는 퐁 소리는 뭔가 신비롭고도 우아한 분위기를 낸다. 마치 축제의 시작을 알리듯이……

어떤 와인 오프너를 고를까? 와인 오프너는 형태와 가격대가 다양하다.

T(티)자형 오프너를 쓰려면 팔과 어깨 힘이 많이 든다. 초보자나 여성의 경우 지렛대식 오프너가 낫다. 또는 부피를 좀 차지하는 게 단점이지만 사용이 편리한 스크류풀도 괜찮다.

내 경우에는 집에서 전문가용 도구인 소믈리에용 나이프를 사용한다. 병 입구의 호일을 잘라내는 작은 나이프가 있고, 마개가 부서지지 않도록 지렛대가 장착되어 있다. 2단짜리로 제대로 사용하려면 어느 정도 훈련이 필요하다.

개봉법 가장 흔한 개봉법으로 침전물이 없는 영 와인은 다음과 같은 방법으로 개봉하면 된다. 와인 애호가들이 즐겨 쓰는 소믈리에 나이프를 사용하는 방법이다.

T자형 오프너   지렛대식 오프너   스크류풀   소믈리에 나이프

- 캡슐을 나이프로 잘라내거나 벗겨낸다.
- 나사 모양 송곳을 중간 정도까지 밀어넣고 첫 번째 훅을 와인 병에 걸어서 수직으로 당겨 코르크 마개를 1/3쯤 빠져나오게 한다.
- 마개가 뚫어지지 않도록 주의하면서 나사를 한두 바퀴 정도 더 돌려 넣는다. 두 번째 훅을 걸어서 마개를 완전히 빼내면 된다.
- 시음을 해본 후 서빙한다.

오래 숙성된 올드 와인의 경우 병이 흔들려서 침전물이 다시 섞이지 않도록 주의를 기울여야 한다. 와인 보관 장소에서 꺼내어 서빙할 때까지 와인 바구니를 사용해서 병을 눕힌 상태를 유지한다. 준비하는 내내 급격한 동작은 하지 않아야 한다. 특히 병을 열 때도 눕혀 있는 상태를 잘 유지해야만 침전물이 떠오르지 않는다.

까다로워 보이지만 크게 걱정할 것 없다. 어차피 집에서는 이렇게 오래된 와인을 마실 일이 별로 없을 것이고, 레스토랑이나 와인 바에서는 소믈리에가 대신 해줄 테니!

디캔팅

디캔팅decanting은 와인을 유리병(디캔터decanter)에 부었다가 마시는 과정을 말하는데, 이는 와인의 맛을 향상시킨다. 올드 와인의 경우엔 침전물을 제거해주고, 영 와인의 경우엔 산소와 접촉시켜 와인 맛을 유연하게 만든다. 이 두 경우에 해당하면 디캔터를 꺼내면 된다. 아니면 멋진

앗,
마개가 딱 붙어서 빠지질 않아요!

따뜻한 물에 병 마개를 담가서 유리가 살짝 팽창되도록 한 뒤에 마개를 제거한다. 아니면 오프
너를 살짝 기울여서 다시 잘 돌려봐도 된다.

앗, 마개가 부서졌어요!

이럴 수개 손님들 앞에서 마개가 부서지면 난처하다. 하지만 누구에게나 일어날 수 있는 일이
다. 지나치게 건조한 마개라거나 품질이 낮은 마개인 경우 그럴 수 있으니 당황할 필요 없다. 살
짝 기울인 채로 다시 오프너를 돌려서 천천히 마개를 뽑아낸다.
그래도 안 되면 남은 마개를 병 쪽으로 밀어낸다. 우아한 것과는 거리가 멀어지지만 그렇다고
와인을 버릴 수는 없지 않은개 첫 잔을 따를 때는 오프너의 나사를 넣어서 마개가 병 입구를
막지 않도록 주의한다. 그러면 마개는 와인에 떠 있게 되는데 맛에는 아무런 지장이 없다. 혹시
라도 코르크 부스러기가 떠 있다면 마시기 전에 디캔딩을 해노 된다.

디캔터를 손님들 앞에서 자랑하고 싶어 디캔팅을 하는 것도 괜찮다. 다 즐기기 위해서니까.

요즘에는 한국에서도 다양한 가격의 디캔터를 구입할 수 있다. 만약 디캔터가 없으면 깨끗한 유리 물병을 사용해도 된다. 디캔터의 모양을 고를 때도 간단하게 생각하면 된다. 영 와인의 경우 산소와의 접촉이 목적이므로 바닥이 둥글고 납작한 형태로 골라야 접촉면이 크다. 오래 숙성된 올드 와인의 경우에는 반대다. 접촉면을 줄이기 위해 바닥이 좁은 디캔터를 고른다. 디캔팅 후에는 디캔터를 막아 놓는다.

영 와인 디캔팅 개봉 후에 조금 시음해 봤는데 아로마가 거의 없거나, 타닌이 강하고 입 안에서 공격적이며, 메마르고 떫은 맛, 즉 수렴성(143쪽 '촉각' 편 참조)이 느껴지는 영 와인이라면 산소와 접촉시키는 것이 필요하다. 와인이 더 유연해져서 입 안에서 부드럽고 더 스위트하게 느껴지

영 와인용 디캔터　　　　　　　　올드 와인용 디캔터

며 향이 풍부해지는 것을 느낄 것이다. 디캔터에 담은 후에는 약 1시간 정도 뒤서 천천히 와인이 실온이 되도록 한다. 그 후, 와인은 디캔터에서 잔에 따를 때에도 산소와 접촉하고, 잔에 담긴 후에도 천천히 잔을 돌려주면 산소와 접촉이 활발해진다. 바로 그런 이유로 전문가들이 천천히 잔을 돌리는 것이다.

올드 와인 디캔팅 올드 와인 디캔팅은 더 까다롭다. 병이 세워져 있었다면 침전물은 바닥에 가라앉아 있을 것이다. 눕혀 있었다면 침전물은 와인 병의 벽을 따라 가라앉아 있을 것이다. 침전물이 떠오르지 않도록 조심해서 천천히 개봉한 후 디캔터에 따르면 된다. 촛불이나 손전등을 병목에 비춰서 침전물이 따라들어가지 않도록 주의한다. 입구 쪽에 침전물이 보이면 바로 병을 세우고, 즉시 디캔터를 막아놓도록 한다. 이 작업은 빈티지 와인이 살아나도록 하는 것이지 산소와의 접촉을 늘려서 넓게 만들거나 아로마가 날아기도록 하려는 것이 결코 아니다.

❗주의 일단 디캔팅한 와인은 보관이 어렵다. 바로 마셔야 한다.

너무 까다롭게 느껴진다고? 걱정할 필요 없다! 솔직히 말하면 내가 공부하러 간 몇몇 와이너리에서의 스터디 식사나 프랑스나 한국에서 몇몇 애호가들과 함께한 식사를 제외하고는 디캔팅을 하는 것을 본 적이 없다. 일상생활 속에서 프랑스인들도 디캔팅을 거의 하지 않는다. 영 와인이라면 잔에 따라서 산소와 만나게 하면 된다. 올드 와인이라면 물론 디캔팅을 해야겠지만 이런 와인을 마실 일이 1년에 몇 번이나 있으랴! 더군다나 디캔팅은 손님이 몇 명 없는 작은 모임 때나 가능하다. 20명이나 30명을 위해 디캔팅할 생각을 하면 금방 골치가 아파진다.

테이블 매너

사람들이 와인이 복잡하다고 느끼는 이유는 원래 와인의 세계가 전통과 밀접한 관련이 있기 때문이다. 그만큼 에티켓이 분명하게 있어서 해야 할 것과 하면 안 되는 것이 엄격하게 구분된다. 물론 요즘 경향은 전문가들 사이에서조차 간단한 것을 추구하는 기분 좋은 와인 문화로 가고 있다. 그렇기 때문에 어려워할 필요가 전혀 없다.

이제까지 보관이나 서빙과 관련된 규칙을 살펴봤다. 이제부터 이야기할 테이블 매너는 엄격하게 지켜야 하는 규칙은 아니다. 더 맛있게 마시기 위한 상식에 가깝다. 지켜도 되고, 지키지 않아도 되고, 마음 내키는 대로 할 수 있는 것이다.

와인은 몇 가지? 가족이나 친구 모임이 있다면, 집에 특정 와인이 한 병 혹은 그 이상 있어서 별다른 신경 쓰지 않고 마시는 것도 괜찮다. 그러나 관례상 분위기나 요리에 따라 한 가지 또는 그 이상의 와인을 마시는 것이 전통적이다.

가벼운 점심식사인지 조금 더 세련된 저녁식사인지, 편안한 가족 모

와인 침전물은 건강에 해로운가?

전문가들에 따르면 결코 해롭지 않다고 한다.

와인 맛에도 별다른 영향을 미치지 않는다. 일부 숙성되지 않은 영 화이트 와인의 경우

온도가 급격하게 변하면 포타슘 산성 주석산염의 결정체가 생길 수 있다.

레드 와인의 경우엔 포도의 자연 색소 성분과 산화 타닌 때문에 침전물이 발생하는 것이다.

독성이 있는 것이 아니지만 마실 때 조금 불쾌할 수 있다.

물론 디캔팅을 하면 해결된다.

와인에 침전물이 없어도 문제없답니다!

임인지 조금 어려운 손님 초대인지에 따라 와인 가짓수가 달라진다. 친구나 가족과 함께하는 간단한 식사라면 비싸지 않고 무난한 와인으로, 요리 하나에 한 종류만 골라도 충분하다. 조금 더 우아한 식사라면 다양한 요리에 맞춰 다양한 와인을 고를 수 있다. 와인 서너 종류를 준비하면 무난하다(와인 한 병에 여섯 잔이 나오고, 한 사람이 각 요리당 한두 잔 정도 마신다고 보면 된다).

! 1 : 6 공식을 잊지 말자!

즉 와인 한 병으로 대략 여섯 잔을 따를 수 있다.

대체적으로 전채 요리에는 화이트 와인, 주 요리에는 레드 와인, 치즈(프랑스에서는 식사 코스에 치즈를 먹는 순서가 있다)에도 같은 거나 아니면 다른 종류의 레드 와인, 그리고 마지막으로 디저트용 와인을 서빙하면 된다.

서빙 순서 서빙 순서 역시 상식대로 생각하면 된다. 서빙된 와인이 전의 것을 그리워하게 만들거나 다음 서빙될 것을 너무 눌러버려도 안 된다. 와인이 나올 때마다 조금씩 즐거움의 계단을 하나씩 밟아 올라가야 한다. 그 순서도 하나의 예술이라고 하는 이유가 바로 여기에 있다.

식사를 시작할 때는 가볍고 생기가 있으며 과일 향이 나는 와인으로 시작하는 것이 좋다. 식욕을 돋우기 때문이다. 샤르도네, 뮈스카데, 알리고테 품종의 화이트 와인, 조금 더 고급스럽게 스파클링 와인이나 샴페인이라면 식사 전부터 마시기 시작해서 첫 번째 요리까지 이 와인을 그대로 가져가도 된다. 그 이후에는 다음 순서를 참고하면 된다.

· 레드 와인 전에 화이트 와인
· 올드 와인 전에 영 와인
· 강한 와인이나 풀보디 와인 전에 라이트보디 와인
· 복잡한 와인 전에 단순한 와인 혹은 최고급 전에 덜 고급스러운 와인

오감으로 만나는 와인

자, 이제 마셔볼까?

"Nunc est bibendum."

라틴어로 "자, 이제는 술을 마셔야 한다"라는 유명한 말이다. 호라티우스는 "즐거움이란, 불확실성 앞에 놓인 인간의 유일한 탈출구다"라고 이야기한 바 있다. 프랑스에서는 르네상스 시기부터 먹고 마시는 것이 갈수록 복잡해지고 세련되어졌다. 이에 프랑스의 상류층은 자신들의 우아한 식도락과 천민들의 천박한 즐거움이 어떻게 구분될 수 있을까 하는 문제로 고민하게 되었다. 결국 17세기 프랑스에서는 와인을 포함하여 음식에 대한 사회적 위계 질서를 만들어낸다.

당시의 유명인들은 와인 과음 문제를 사회적으로 비판하고, 문학에서조차 하인 등 낮은 신분 인물들의 상스러운 취기를 비웃는다. 몰리에르Molière, 르사즈Lesage와 여러 작가들은 작품 속에 술 취하고 악하고 천박한 사람들을 종종 등장시키면서 괜찮은 사람이라면 취하지 않는다는 점을 은연중에 내포하곤 했다. 현실은 물론 이와 다르다. 좋은 와인의 장점에 대해서 인정은 했지만 과음했을 때의 결과에 대해서도 알고 있었다. 모든 사람들이 취기 앞에서는 동등할 수밖에 없었다.

17세기 말, 샹파뉴(Champagne, 샴페인) 지방에서 돔 페리뇽이라는 상상력이 풍부한 수도사가 놀라운 인기를 끌게 될 새로운 음료를 발명하였다. 바로 스파클링 와인이었다. 우아한 사람들을 위한 스파클링 와인은 알코올 도수가 5도로 상당히 낮고 맛도 달콤해서 귀족들의 음료에 걸맞았다. 샹파뉴, 즉 샴페인이 등장하면서 와인은 사회적, 문화적 위엄을 되찾았다고 할 수 있겠다. 그 시기부터 '서민'들이 마시는 간단한 와인과 '뭘 알고 마시는 자'들을 위한 세련되고 좋은 와인이 구분되게 된다.

오늘날에는 와인에 대해 더 깊이 알기 위해 와인 과학인 양조학이라는 새로운 학문까지 등장하게 되었다. 양조학은 포도 재배부터 와인 제조까지 와인 애호가들이 더 많이 알고 더 많이 즐길 수 있게 해준다.

게다가 와인 시장이 폭발적으로 커지고 있다. 신세계 와인들이 기존 와인 시장에 뛰어들며 경쟁이 치열해졌고, 와인 스타일도 다양해져서 각자 취향에 맞는 걸로 고를 수 있게 되었다. 미국, 호주, 남아공, 아르헨티나, 칠레에서는 수천 헥타르의 재배지에서 표준화되고 단순하면서도 결함 없는 와인을 생산해낸다. 산업화된 생산 방식과 양조통에 대팻밥을 넣는 등의 새로운 양조 기술 덕분에 별다른 개성이 없는 포도로도 새롭고 기분 좋은 맛과 향, 즉 과일과 바닐라, 우드 향과 달콤한 맛 등을 낼 수 있게 되었다. 이런 것들은 간편하고 쉽게 마실 수 있는 와인으로 무엇보다 가격 대비 품질이 좋다. 이렇듯 더 세련된 공정, 더 많은 기술, 폭넓은 선택이 가능하다는 것은 와인 애호가들에게 기쁨을 주는 동시에 더 많은 지식을 익혀야 하는 숙제도 안겨준다.

와인을 빼내는 즉시 마셔야 한다고 한다. 자, 맛보고 자신감을 가지면 된다. 와인은 즐기면 되는 거니까. Nunc est bibendum!

와인을 음미하는 방법

와인을 마시는 시간은 즐거운 순간이자 '삶의 멋'이다. 와인을 따라주었을 때 쳐다보지도 않고, 향을 맡아보지도 않고 꿀꺽 삼켜버리기엔 너무 아깝다. 각 단계를 잘 밟아야만 와인이 주는 즐거움을 한층 더 만끽할 수 있다. 와인을 마시는 이유가 단지 빨리 취하기 위해서라면 원샷으로 몇 잔 마시면 된다. 그렇게 마시는 것도 여러분의 자유다. 다만 운전은 하지 말고 건강에 신경 써야 할 것이다.

그러나 뭔가 맛있는 걸 즐기기 위해서라면 또는 이성적으로 신들의 음료를 맛보고자 한다면 와인을 잘 쳐다보고 냄새를 맡아본 뒤에 맛보는 것이 좋다. 즐거움을 배가시키기 때문이다. 조금만 연습하면 생각하는 것보다 훨씬 쉽다는 것을 알 수 있다.

시각 와인을 잔에 따르면 첫 번째로 작동되는 감각은 시각이다. 한국에서는 첫인상에서 외모가 중요한 비중을 차지하듯이 와인도 마찬가지다. 우선 색을 본다. 색조, 광택, 잔 둘레로 비치는 디스크(disgue, 잔 가장자리에 와인이 만들어내는 둥근 원의 색깔)를 관찰해보는 것만으로도 와인의 원산지, 빈티지, 개성, 심지어 품질과 관련된 소중한 정보를 얻을 수 있다.

와인의 색조는 품종에 따라 달라진다. 먼저 레드 와인의 경우, 예를 들어 루비 빛이라면 카베르네 소비뇽이나 가메 품종 와인일 것이고, 자줏빛이라면 메를로, 시라, 말벡 품종 등이 들어 있는 것이다. 와인의 진한 붉은 빛은 태양을 가득 받아 잘 익은 포도, 심지어는 너무 익은 포도에서 나온다. 또한 포도나무의 생산성에 따라 색이 많이 달라지는데 생산성이 낮을수록 포도즙은 더 농축될 것이고 색은 그만큼 진해진다. 특히 나이 든 포도나무의 경우가 그렇다. 그리고 발효통에서 숙성된 와인에 비해 오크통에서 숙성된 와인이 더 어두운 색을 낸다. 와인 색이 어두우면 우드 맛을 예상해볼 수 있을 것이다. 특히 디스크 색깔은 와인의 나이를 알려준다. 레드 와인에 보랏빛같이 푸른 기가 돈다면 영 와인이다. 더 주황빛이 나는 경우는 올드 와인이다(104~105쪽 '레드 와인 총정리표'의 색깔 참조).

화이트 와인의 빛깔은 연노란빛에서 초록빛이 감돌기도 하고, 아니면 짙은 노랑빛, 금빛이 나기도 한다. 색이 밝은 경우엔 영하고 시원하며 미네랄 맛과 꽃 맛을 느낄 수 있고, 금빛이 나는 경우엔 과일의 달착지근하며 진한 맛을 느낄 수 있다(106~107쪽 '화이트 와인 총정리표'의 색깔 참조).

와인의 투명도 또한 알아보기 쉽다. 투명도는 와인의 품질을 드러내는 척도이기도 하다. 먼지 등 부유 물질이 떠 있으면 마실 수 없다.

스파클링 와인의 경우, 색깔을 떠나서 기포와 기포의 질도 중요한 정보를 알려준다. 잔에 따랐을 때 꽤 풍부하고 오래 지속되면서 작은 기포들로 이루어진 거품층이 나타나야 좋은 와인이다. 거품층이 사라진 후에는 잔 벽에 붙은 기포 링이 생기면 좋은 스파클링 와인이다. 잔 바닥에서는 '굴뚝'이라고 부르는 기둥 모양으로 작은 기포가 규칙적으로 올라와야 한다. 서빙할 때 큰 기포가 생겼다가 아무것도 남지 않는다면 애석하게도 그 스파클링 와인은 최고의 품질이 아닌 것이 분명하다!

후각 잔의 다리를 쥐고 코에 가까이 대고서는 흔들지 않고 맡아본다. 공기를 접하게 하고 좀 더 아로마가 올라오게 하고 싶다면 잔을 살짝 돌린 후 다시 한 번 맡아본다. 그러면서 과일, 꽃, 식물, 광물 등의 아로마를 찾아본다. 처음에는 당연히 포도와 알코올 냄새만 날 것이다. 아무런 아로마도 잡아내지 못했다고 스트레스 받지 말고 자꾸 해보면 된다. 조금만 더 연습하면 마음에 드는 아로마와 마음에 덜 드는 아로마를 구분해낼 수 있게 된다.

아로마를 굳이 처음부터 전문 용어로 표현할 필요도 없다. 양조 전문가나 소믈리에가 되려고 하는 것이 아니라면 머릿속에 떠오르는 느낌을 즉흥적으로 표현해내면 된다. 중요한 것은 그 느낌을 자신이 다시 떠올리거나 다른 사람에게 전달할 수 있도록 표현해내는 것이다. 다듬는 것은 나중에 하면 된다. '동물성 향'이라는 것을 표현할 때 사냥 고기보다는 보쌈 향이라고 표현하는 것이 더 와닿는다면 얼마든지 그렇게 해도 된다. 우선은 여러분을 위해 표현하는 것이다. 와인 한잔 마시

는 것이지 시험 보는 게 아니니까.

후각은 태어날 때 가장 발달한 감각 중 하나다. 신생아는 엄마의 배 위에서 냄새만으로도 엄마의 가슴을 찾아낼 수 있다고 한다. 그러나 동물들과는 달리 사람은 차츰 성장하면서 냄새를 덜 맡게 된다. 하지만 사실 후각은 미각과 직결되는 것이다. 감기가 걸렸을 때 맛을 못 느끼는 것이 그런 이유에서다. 또한 후각을 통해 분위기를 느끼고, 사람도 느낄 수 있다. 마치 파트리크 쥐스킨트의 소설 《향수》에서처럼 말이다. 냄새 하나만으로도 어렸을 때 추억이라든가 강렬한 기억을 떠올릴 수 있다. 오늘날 후각의 힘은 너무 과소평가되어 있다.

와인을 마시기 전에 한번 냄새를 맡아볼 것을 권한다. 그리고 여러분의 판단을 믿어야 한다. 퀴퀴한 냄새, 설익은 냄새 같은 나쁜 냄새가 난다면 와인 또한 나쁜 것이다. 와인의 결함은 맛보기도 전에 눈에 가끔 드러나고, 코에는 자주 드러난다.

미각 와인을 맛보는 것은 최종 단계다. 맛보는 순간 와인은 입 안에서 느껴지는 와인의 질감, 균형감 등 맛과 관련된 개성을 전부 드러낸다. 처음에는 눈으로 관찰하고, 코로 냄새를 맡아본 후 맛보면 비로소 와인에 대해 평가할 준비가 되는 것이다.

맛보는 단계는 기술적인 것으로 비춰질 수 있다. 전문가들은 입 안에 와인을 약간 머금고 미뢰가 와인을 흠뻑 느낄 수 있도록 씹는다. 그리고 나서는 입으로 '가르륵' 소리를 내며 공기를 살짝 빨아들여 코로 내뱉은 다음 와인을 한 모금 삼키거나 뱉어낸다. 많은 와인을 맛봐야 하는 시음회에서는 종종 스핏 버킷spit bucket에 뱉어내는 것을 볼 수 있다.

와인을 삼키거나 뱉은 후에는 입 안에 여운이 얼마나 오래 남는지, 아로마가 얼마나 오래 지속되는지를 평가해본다. 이 여운의 길이는 몇 초간 지속되는 것으로 코달리caudalie(1코달리＝1초)라는 단위로 잰다. 길면 길수록 최상급 와인이다.

촉각 입 안 점막에서 느끼는 감각을 표현하는 또 하나의 전문 용어다. 이 감각들이 어떤 와인은 '드라이dry' 하다거나 어떤 와인은 '스위트sweet' 하다고 표현하게 한다. 대체로 촉각적 느낌은 다음 세 가지로 구분된다.

우선 '당도'가 있다. 와인 안의 알코올이 살짝 달착지근한 부드러운 당도를 느끼게 한다. 이 당도 덕분에 드라이 화이트 와인은 더욱 부드러워지고 레드 와인은 기름진 느낌이 더해진다. 당도가 느껴지면 스위트 와인, 당도가 별로 느껴지지 않는다면 드라이 와인이라고 표현하면 된다.

두 번째는 '산도'인데, 와인에는 다양한 산화물이 담겨 있다. 지나치게 시면 와인이 공격적으로 느껴지기 때문에 별로 좋지 않다. 반대로 산도가 떨어지면 너무 무겁고, 너무 달거나 타닌이 강하게 느껴진다. 레드 와인에 함유된 타닌은 아주 영한 와인의 산도를 적당히 없애준다. 압착 과정으로 얻은 화이트 와인이나 로제 와인(26쪽 '포도가 와인으로' 편 참조)의 경우 질이 떨어지는 와인이라면 산도가 공격적으로 느껴지고, 좋은 와인의 경우 반대로 시원한 느낌을 준다.

세 번째 느낌은 '수렴성'이다. 수렴성은 타닌이 주는 느낌으로 레드 와인이나 가끔은 침용 과정을 통해 얻어진 로제 와인에서 느껴지는 것이다. 수렴성은 입 안에서 불쾌한 메마른 느낌을 주고, 잇몸 쪽에서는 떫은 맛을 느끼게 된다. 와인이 골격이 있도록 하려면 수렴성이 적당해야 한다.

그러므로 드라이 화이트 와인, 스위트 화이트 와인 혹은 압착 로제 와인을 평가할 때는 산도와 당도의 균형을 판단해야 한다. 또한 레드나 침용 로제 와인을 평가할 때는 당도, 산도, 수렴성의 균형을 판단해야 한다. 이 세 느낌은 종합적으로 인지되는 것들이다. 와인이 마음에 들기 위해서는 입 안에서 기분 좋고, 조화를 이루며 균형적이어야 한다. 너무 달거나, 시거나, 수렴성이 있어서는 안 된다.

지나치게 공격적인 느낌을 주는 경우를 제외하고는 이와 같은 판단은 주관적이다. 예를 들어 나한테 너무 달게 느껴지는 와인을 다른 사람들은 얼마든지 좋아할 수도 있다. 이때 역시 상대적인 자유를 잊어서는 안 된다.

맛있는 와인은 어떤 걸까?

자, 그렇다면 좋은 와인이란 도대체 어떤 와인일까? 좋은 와인이 무엇인지 알기 위해서 거꾸로 나쁜 와인의 특징을 짚어보면 좋은 와인을 쉽게 구별할 수 있다.

제조상 결함이 있는 안 좋은 와인은 판단하기가 훨씬 쉽다. 이런 와인은 모두가 나쁘게 느끼고, 여러분 역시 처음 병을 따는 순간 냄새로도 판단해낼 수 있을 것이다. 한 모금 마시면 그 평가는 더더욱 확실해진다.

요즘에는 과거 방식으로 와인을 제조하지 않는다. 아직까지 양조 과정에서 사람의 역할이 크다고는 하지만, 대부분의 검사는 전문가들이 현대 양조학의 규칙에 따라 행하거나 전산으로 처리된다. 때문에 불량률이 상당히 낮지만, 그래도 불량이 존재하기는 한다. 이렇게 잘못 만들어졌거나, 잘못 보관된 와인에서는 약간의 냄새가 난다. 이런 와인은 마실 수 없는 와인으로 교환을 요청해야 한다. 그런데 결함이 있는 와인은 건강에 해로울까? 그런 와인은 마실 수 없거나 맛이 나쁠 수 있지만 건강에 유해한 것은 아니니 걱정할 필요는 없다.

가장 흔한 와인 결함을 몇 개 꼽아보면 다음과 같다.

마개 냄새 코르크 마개는 17세기부터 병을 막는 데 사용이 되었다. 탄성이 있고, 압축이 가능하며, 액체와 기체가 침투하지 못하게 하는 성질이 있으며, 화학적으로 불활성이기 때문에 코르크는 와인을 병 안에 보관하는 데 그야말로 이상적이다. 문제는 일부 코르크의 품질이 나빠서 시간이 지나면 상하고, 어떤 경우 와인까지 변하게 만드는 것이다. 90퍼센트는 제조상 결함 때문이거나 병입 전 세척 과정에서 남은 염화물 때문에 발생하는 것이다. 결국 코르크는 보호막의 역할을 못하고 병 안에서 상하게 된다. 그러면 그 맛이 와인에 전해져서 와인 또한 마실 수 없게 돼버린다. 이런 경우 식당이나 와인 바에서라면 새 와인을 요청한다. 집에

서라면 기분은 나쁘지만 버리지는 말고 소스 등 요리에 재활용하도록 한다. 요리 안에서 와인이 끓으면 마개 냄새가 사라진다.

식물성 냄새 코로 금세 느껴지며, 맛을 봐도 쉽게 알 수 있는 식물성 냄새나 시큼한 냄새는 잘 안 익은 포도로 담근 와인의 특징이다. 포도를 수확할 때 꽃가루가 제대로 제거되지 않고 씨와 꽃자루까지 지나치게 압착되면 시큼한 냄새가 나고 씁쓸한 맛이 남는다. 아주 싼 와인이나 품질이 떨어지는 일부 테이블 와인에서 종종 발견되는 문제다. 이런 와인의 경우 그대로는 마실 수 없으니 달착지근한 상그리아^Sangria(165쪽 레시피 참조)나 뱅 쇼^Vin Chaud(301쪽 레시피 참조)로 재활용한다.

식초 냄새 전문 용어로는 '산성화'라 부른다. 와인을 식초로 변화시키는 초산 박테리아 때문에 식초의 냄새와 맛이 나게 된다. 이 박테리아들은 와인의 알코올을 식초로 만들기 위해 산소를 필요로 한다. 그러므로 와인에서 식초 냄새가 난다면 양조작업 중에 공기에 과도하게 노출되었다고 보면 된다. 보관통이 제대로 봉해져 있지 않거나, 양조 중에 통 속에서 증발하는 양만큼의 와인을 1주일에 한두 번씩 채워주는 탑업작업(탱크 상단부와 와인 상단면 사이에 공간이 없도록 채워 주는 작업)이 제대로 이루어지지 않았다는 것을 의미한다. 산성화된 와인은 그대로 마실 수는 없으니 발사믹 식초로 만드는 편이 낫다. 두텁고 끈적이는 초막이 형성될 때까지 잘 두면 된다(286쪽 '홈메이드 와인 식초' 편 참조).

황 냄새 작은 결함이다. 아황산은 와인을 식초로 변화시킬 수 있는 미생물이나 야생효모의 발생을 억제한다. 발효를 통제하고, 와인을 정화하며, 무엇보다 보존을 가능케 한다. 간장에 담가놓는 참숯의 역할이라고 보면 된다. 포도 재배자들은 수백 년 전부터 다양한 형태의 황을 이용해왔다. 레드 와인의 경우 병 안에서 재발효가 진행되는 것을 막기 위해, 그리고 화이트 와인의 경우 산화되어 색깔이 변하지 않도록 하기 위해 아황산을 넣고 있다. 이때 드문 경우지만, 황산의 양을 제대로 조절하지 못하면 상당히 불쾌한 냄새를 남기기도 하고, 화이트 와인을 마신 후 두통이 따르기도 한다. 이럴 때에는 시음하기 전에 디캔터로 옮겨 공기와 접촉시키면 가벼운 황 냄새는 날아간다.

양파 냄새, 심지어는 계란 썩은 냄새 양조과정에 생기는 기술적 결함이다. 황산이 너무 많이 들어갔거나 와인이 공기와 충분히 접촉하지 못했을 경우에 나는 냄새다. 공기와 접촉시킴으로써 이와 같은 맛을 제거할 수 있다. 혹은 와인 안에 동전을 담그는 방법도 있다. 화학 작용으로 불쾌한 냄새는 동전에 흡착되어 수분 내에 싹 사라지게 된다. 이런 냄새는 전혀 위험한 게 아니다.

곰팡이 냄새 양조 장비를 제대로 관리하지 않았을 때 곰팡이 냄새가 난다. 오랫동안 와인을 담지 않았던 발효통이나 오크통을 사용했거나 통안에 와인 마른 찌꺼기가 남아 있을 때 그럴 수 있다. 오늘날에는 매번 사전 세척, 세척, 헹굼, 소독, 헹굼 등의 과정을 거치고, 또 매번 검사를 받기 때문에 드물게 나타난다. 곰팡이 냄새가 나는 와인은 버리는 수밖에 없다.

너무 익은 사과 냄새 앞서 봤듯이 양조 과정에서 공기가 충분치 않고 황이 과하면 와인에 나쁘다. 반대로 산소가 과하고 황이 충분치 않아도 마찬가지다. 이 경우, 산소로부터 보호되지 않기 때문에 알코올 도수를 낮추면서 와인의 산도를 높이는 미생물이 생기게 된다. 조금씩 변질되면서 향을 잃게 되고 신 사과나 호두 냄새를 풍긴다. 이런 와인은 버리는 수밖에 없다.

그렇다면 좋은 와인이란 무엇인가에 대한 답은? 간단하고 솔직하게 답한다면 아무런 결점이 없고, 음식과 완벽한 조화를 이루며, 여러분의 입맛에 맞아 마음에 드는 바로 그런 와인이 좋은 와인이다. 와인은 기분 좋으려고 마시는 거리는 걸 잊어서는 안 된다. 옆 사람에게 와인이 맛있냐고 물어볼 필요도 없다. 단지 개인적으로 와인이 마음에 드는지는 물어도 된다. 그렇게 묻는 것은 아주 다른 것이다.

다음 파트에서는 좋은 와인을 즐기기 위한 다양한 아이디어를 소개하려고 한다. 어떤 음식과 어울리게 할 것인지, 또 어떻게 다른 사람들과 행복하게 즐길 수 있을 것인지 알아보자. 상테!

PART 2
C'EST LA VIE WINE
세라비, 와인

STORY FOUR 와인은 자유다

파티에 오신 것을 환영합니다

한국인들이 안주를 좋아하는 것처럼 프랑스인들도 와인을 마실 때 꼭 음식을 곁들인다. 딱 맞게 어울리는 음식은 와인의 맛을 한층 풍부하게 해주는 상호보완적인 역할을 한다. 스테이크나 맛이 진한 육류 요리에 풍미가 있고 타닌이 강한 레드 와인을 곁들이면 그 맛이 한층 좋아진다. 간단하게 요리한 생선 구이도 소비뇽 블랑으로 만든 상세르 와인과 함께하면 수라상이 부럽지 않다. 앞에서 와인과 음식 궁합에 대해 간단히 살펴봤듯이, 진정 와인을 즐기기 위해서는 그에 어울리는 음식이 무엇보다 중요하다.

와인과 함께 음식을 섭취하면 알코올의 흡수를 늦추면서 어느 정도 포만감을 느낄 수 있다. 그러므로 단백질과 지방이 있는 요리를 선택하여 적당히 섭취하면 와인을 더 건강하게 즐길 수 있을 것이다. 예를 들어, 식전에 와인을 한잔 한다면 치즈 몇 조각이나 아몬드 대여섯 알, 혹은 올리브 두세 개를 곁들이면 적당하다. 또한 와인은 소화에도 도움이 된다. 음식은 대체적으로 산성을 띠는데, 와인도 산성이지만 일단 흡수가 되면 위장 내에서 알칼리성이 되면서 음식의 산성을 중화해주기 때문에 소화기의 균형을 돕는다.

지금부터는 우리의 일상 속에서 어떻게 와인과 음식의 찰떡 궁합을 맞출지 알아보려 한다. 먼저 아페리티프로 마실 수 있는 와인들과 와인 칵테일을 소개한다.

식사 전에 마시는 약간의 술, 아페리티프

'아페리티프apéritif' 라는 단어는 라틴어의 'aperire ('~을 열다' 라는 뜻)'에서 온 것으로 식사하기 전에 입맛을 돋우는 역할을 한다는 의미다. 친구를 초대했거나, 비즈니스 식사 혹은 결혼식이나 가족 행사 같은 특별한 경우에 아페리티프 시간을 갖곤 한다. 이때 입맛을 돋우는 역할을 하는 알코올을 마시는데, 전통적으로 프랑스에서는 포르토를 마셨다 (술을 안 마시는 사람들은 오렌지 주스를 마시기도 한다).

우리 부모님도 아페리티프를 종류별로 갖춰놓고 계셨다. 위스키, 보드카, 포르토, 마티니, 파스티스 등이 있었는데, 손님들이 오면 꺼내서 식전에 한두 잔씩 따르곤 하셨다. 손님들은 아페리티프를 받아들고 간단한 안주와 함께 담소를 나누며 시간을 보냈다. 1970~80년대에는 칵테일 타임이 많이 유행했었다. 요즘에는 아페리티프로 와인을 마시는 게 대세다. 와인은 가볍게 마실 수 있으면서 칼로리도 적고, 알코올 도

수도 낮아 사람들이 많이 선호한다. 또한 와인은 종류도 다양하니, 선택의 폭도 넓어서 좋다.

샴페인과 그 외 스파클링 와인

샴페인을 비롯한 스파클링 와인은 아페리티프로 언제나 사랑받는다. 샴페인은 가장 고급스럽고 우아한 선택으로, 파티 분위기가 물씬 난다. 보통 스파클링 와인을 샴페인이라고 부르곤 하는데, 거품이 인다고 해서 다 샴페인은 아니다. 엄밀하게 말해, 샴페인은 프랑스 샹파뉴 지방에서 생산되는 스파클링 와인에만 붙일 수 있는 상표다.

스파클링 와인에 대해 더 자세히 알아보자. 스파클링 와인의 그 많은 기포는 어떻게 해서 병 안으로 들어간 걸까? 샴페인을 기준으로 설명하자면, 대부분의 스파클링 와인은 크게 다음의 네 단계를 거치게 된다.

- 적포도(피노 누아, 피노 피니에)와 칭포도(샤르도네)슙을 나무 혹은 스테인리스 스틸 통에 넣고 발효시킨다. 그 후에 양조 전문가들이 해당 브랜드의 전통에 따라 블렌딩하게 된다. 이때 병 라벨에 특별히 빈티지가 명시되지 않는 경우 '논 빈티지Non-Vintage'라고 하며 전년도의 와인도 혼합될 수 있다. 날씨가 특히 좋았던 해라면 그 해에 수확된 포도만으로 양조하여 빈티지 샴페인을 만들 수도 있다. 이때에는 병 라벨에 해당 연도, 즉 빈티지가 표시된다.

- 스틸 와인(still wine, 탄산가스가 없는 일반적인 와인)에 당, 효모, 와인이 섞인 혼합액을 첨가한 후 유리병에 병입하여 카브의 어둡고 선선

한 곳에 수평으로 눕혀 2차 발효를 한다. 이를 '거품 일기'라고 부른다. 2차 발효가 시작되면서 이산화탄소가 드디어 발생하는 것이다. 2차 발효에서 발생한 효모 찌꺼기를 제거하기 위해 찌꺼기가 병 입구 쪽으로 모이도록 와인병을 앞쪽으로 기울여 2~3년간 보관한다(샴페인의 법정 숙성 기간은 최소 15개월, 빈티지 샴페인의 경우에는 3년이다).

• 다음 단계는 병 입구에 모인 찌꺼기를 제거하는 작업이다. 이를 데고르주망dégorgement이라고 한다. 먼저 병 입구를 냉각액에 담가 찌꺼기를 냉각시킨다. 그런 다음 병을 열면 가스의 압력으로 찌꺼기 얼음이 밖으로 튀어나오게 된다.

• 제거한 침전물의 양만큼 샴페인과 사탕수수 혼합액으로 보충하고 재빨리 병을 막는다. 이 혼합액에 따라서 샴페인과 스파클링 와인의 당도가 결정된다. 이런 과정을 거친 와인은 어느 정도 보관 후 출시한다.

샴페인 라벨에는 얼마나 스위트한지 혹은 얼마나 드라이한지 맛을 알려주는 표기가 있어 적당하게 고를 수 있다. 구체적으로 알아보면, '브륏brut'은 달지 않은 맛, '섹sec'은 약간 단 맛, '드미섹demi-sec'은 조금 더 단 맛을 나타낸다.

Food Match 최고는 푸아그라(foie gras, 거위 간) 혹은 캐비아(caviar, 철갑상어 알)일 것이다. 그러나 너무 비싸니까 제쳐두자. 샴페인은 모든 사람들이 좋아하는 와인이다. 아주 달거나 매운 음식만 빼면 모든 음식과 잘 어울린다. 다양한 카나페를 곁들여 아페리티프를 즐겨보자.

마셔볼 만한 스파클링 와인들

최상급 샴페인 브륏

돔 페리뇽 브륏Dom Pérignon, 모엣&샹동Moet&Chandon, 뵈브 클리코Veuve Clicquot, 페리에 주에 벨 에포크Perrier Jouët Belle époque, 멈 코르동 루즈Mumm Cordon Rouge, 니콜라 푀이야드Nicolas Feuillade, 파이퍼 하이드직Piper Heidsieck, 포므리Pommery, 앙리오Henriot, 크뤼크Krug

상급 스파클링 와인

보르도의 크레망(Crémant, 프랑스에서 샹파뉴 이외의 지방에서 전통적인 샴페인 양조 방식으로 만든 스파클링 와인을 뜻함), 부르고뉴의 크레망, 부브레, 소뮈르 등 루아르의 크레망, 알자스의 크레망, 론의 클레레트 드 디Clairette de Die, 프랑스 남부 지방 리무Limoux의 블랑케트Blanquette와 크레망(여기서 클레레트와 블랑케트는 독특한 전통 방식으로 양조한 스파클링 와인이다).

부담없이 즐기기에 적당한 스파클링 와인

독일의 젝트Sekt, 스페인의 카바Cava, 달콤한 맛으로 유명한 이태리의 모스카토 다스티

마셔볼 만한 스파클링 로제 와인

최상급 샴페이 로제 돔 페리뇽 로제, 뵈브 클리고 로제, 볼렝저 라 그랑드 아네Bollinger La Grande Année 로제, 루이 로드레 크리스탈Louis Roederer Cristal 로제

부담없이 즐기는 달콤한 로제 스파클링 와인

이태리 빌라 엠 로소Villa M Rosso, 이태리 로세타Rossetta

WINE NOTE 18

화이트 와인

화이트 와인을 아페리티프로 선택할 경우, 그 한 병으로 전체 요리에까지 곁들여 마실 수 있다는 장점이 있다.

    게부르츠트라미너 품종 혹은 프랑스 샤블리Chablis 와인은 향이 풍부하고 부드러워서 훈제 연어와 같은 전채 요리에 계속해서 마실 수 있다. 이때 레몬은 곁들이지 않는다. 샤르도네 품종은 생산지에 따라서 상당히 차이가 나는 품종이다. 프랑스 랑그독 지역의 샤르도네나 호주산 샤르도네 품종의 와인으로 시작해서, 생선이 주 요리인 식사의 전채 요리 때는 좀 더 클래식한, 부르고뉴 지역의 샤르도네 품종 와인으로 바꿔도 괜찮다. 계속 동일한 포도 품종으로 유지하되, 기품 있는 화이트 와인을 고집하면 된다. 보르도 화이트 와인, 앙트르되메르, 프르미에르 코트 드 블레Premières Côtes de Blaye 지역 와인은 산도가 지나치지 않은 다소 복합적인 감귤향이 나는 와인으로 생선 요리가 중심이 되는 식사에서 전채 요리에 곁들이거나 아페리티프로 마시면 안성맞춤이다. 한편 부르고뉴 알리고테 품종으로 만든 화이트 와인은 제법 산미가 느껴지면서도 생생하고 시원한 와인이다. 아페리티프로 마실 때에는 '키르Kir'로 내놓기 위해 카시스 크림을 올린다. 화이트 소스를 곁들인 생선구이나 찜에도 훌륭하게 어울린다.

Food Match 올리브, 치즈 카나페와 훌륭한 궁합을 자랑한다. 혹은 소시지나 육포도 괜찮고 치즈 조각이나 생채소 혹은 살짝 데친 채소에 맵지 않은 소스를 곁들여도 좋다. 새우나 게도 잘 어울린다.

카나페 & 샴페인 브룻

리큐어 화이트 와인 혹은 뱅 두 나튀렐

아페리티프로 리큐어 와인이나 뱅 두 나튀렐을 고른다면 이 와인들은 한두 잔만 마시는 여성들이나 초보자들이 좋아하는 와인으로, 제법 달착지근하다. 하지만 와인이 시럽이 아닌 이상, 그냥 달기만 하다면 재미가 없다. 그러니 당도, 산도와 쓴맛이 잘 어우러지는 와인을 골라보자. 아울러 벌꿀, 설탕에 절인 과일, 열대 과일, 구운 아몬드 혹은 호두 향이 풍부한 와인을 고르는 것도 중요하다. 소테른 와인이나, 만생종인 게부르츠트라미너 품종으로 만든 와인, 헝가리의 토카이 와인, 캐나다의 아이스 와인 등이 있다. 여기서 '만생종 와인' 이란 포도의 수확 시기를 늦춰서 양조한 당도가 높은 와인으로 와인 라벨에는 나라마다 다르게 표기된다. 영어로는 '레이트 하비스트^{Late Harvest}', 불어로는 '방당주 타르디브^{Vendange Tardive}', 독일어로는 '스패트레제^{Spatlese}' 등인데 모두 '늦은 수확' 을 뜻하는 단어들이다.

> Food Match 프랑스의 감흥을 최대한 느끼려면 푸아그라나 로크포르 치즈를 바른 미니 토스트를 곁들여보자. 한국식을 원한다면 김치전이나 다양한 퓨전 롤(조금 매워도 괜찮다), 밥과 보쌈을 한입 크기로 준비해서 곁들인다.

레드 와인

물론 레드 와인을 아페리티프로 내놓아도 된다. 하나의 테마로 원산지나 지역, 아펠라시옹을 골라서 상상의 날개를 펴면 된다. 예를 들어 보졸레 파티라든가, 호주 와인을 마시는 저녁 등의 테마가 있는 식사를 기획해보자.

> Food Match 지나치게 짜거나 맵지 않은 간단한 음식이 좋다. 블루 치즈를 제외한 치즈류, 카나페, 미니 소시지, 미트볼 등이 무난하다. 다만, 향이 풍부하고 영한 와인으로 시작하고, 주 요리에는 최상급 와인을 내놓는 것이 좋다.

와인 칵테일

와인 칵테일은 와인에 다양한 맛과 향을 더할 수 있어 아기자기한 아페리티프로 손님들에게 늘 환영받는다. 와인의 종류가 다양한 만큼, 와인을 베이스로 하는 칵테일도 상그리아에서 키르 루아얄까지 그 종류가 굉장히 많다. 맛 좋고, 만들기도 쉬운 칵테일 몇 가지를 소개해본다.

상그리아 여름용 와인 칵테일로 모든 사람들에게 인기 있는 상그리아Sangria는 과일 향이 풍부하며 가벼워서 파티 분위기를 만끽하기에 그만이다. 상그리아라는 명칭은 스페인의 'sangre'라는 단어에서 유래했는데, 이는 '피'를 의미한다. 그만큼 짙은 붉은 빛을 띠는 칵테일이다.

　상그리아 레시피는 꽤 다양한데, 다음은 그중 가장 기본적인 것이다.

　(10인 기준, 1인당 큰 잔으로 한 잔씩) 과일 향이 나고 영한 레드 와인(칵테일이나 음식에 와인을 넣을 때 비싼 고급 와인을 넣는 사람은 없을 것이다. 그

럼 그 훌륭한 와인 고유의 맛과 향을 잃어버리는 것이니까) 2병, 한 입 크기로 자른 다양한 계절 과일(사과, 배, 오렌지, 딸기, 메론, 파인애플 등), 통계피 1개, 황설탕 4큰술, 레몬즙 1작은술 혹은 슬라이스 레몬 1개

취향에 따라 다음 재료를 추가할 수 있다. 코냑 1/2작은 잔(우드 잔향), 쿠앵트로Cointreau 1/2작은 잔(오렌지 잔향), 베네딕틴Bénédictine 1/2작은 잔(허브와 향신료 잔향), 인삼주 1/2작은 잔(한국식 옵션), 유자차 또는 생강차 1큰술(달착지근하고 새콤한 맛)

전체를 잘 혼합하여 하룻밤이나 한나절 냉장 보관해야 한다. 내놓기 직전에 얼음 한 그릇과 탄산수 반 병을 섞어 시원하게 마신다. 이때 칵테일 속 과일은 알코올이 가득 차 있으니 주의해서 먹어야 한다.

키르Kir 키르는 원래 화이트 와인과 카시스를 섞었다는 의미로 블랑 카시스blanc-cassis 혹은 블랑 카스blanc-cass라고 불렸다. 키르라는 이름은 펠릭스 키르Félix Kir(1876~1968)라는 이름의 신부에게서 따온 것이다. 키르 신부가 디종의 시장으로 재직할 때 즐겨 마시던 음료가 바로 블랑 카스로, 국회 의사당의 바에서 늘 블랑 카스를 시키곤 했다. 사람들은 블랑 카스를 '시장 키르'라고 부르기 시작했고, 그 이름이 오늘날까지 남게 되었다.

보통, 알리고테 품종의 화이트 와인을 사용한 칵테일만을 키르라 부르고, 일반 화이트 와인을 사용하면 블랑 카스라고 한다. 또한 키르 루아얄Kir Royal은 샴페인과 카시스 크림으로 만든 것을 말한다. 키르를 비롯해 비슷한 종류의 간단한 칵테일 레시피 몇 가지를 소개한다.

(1인 기준) 부르고뉴 알리고테 품종의 화이트 와인 90ml, 카시스 크림 (블랙커런트 리큐어) 20ml

키르 메도캥Kir Médocain (1인 기준) 위의 키르 레시피에서 화이트 와인 대신 보르도 로제 와인 90ml, 카시스 크림 20ml

카르디날Cardinal 카톨릭 추기경을 불어로 카르디날이라고 하는데 추기경의 붉은 옷 색깔과 이 칵테일의 색이 비슷하여 붙여진 이름이다.
(1인 기준) 맛이 강하고 타닌이 풍부한 레드 와인 90ml, 카시스 크림 20ml

딸기 샴페인 (1인 기준) 샴페인 100ml, 사탕수수 시럽 50ml, 레몬즙 50ml, 코냑 50ml, 딸기 리큐어 10ml

몽블랑Mont Blanc (1인 기준) 샴페인 100ml, 보드카 15ml, 레몬 셔벗 2스쿱

푸스 라피에르Pousse Rapière (1인 기준) 일반 스파클링 와인 100ml, 오렌지 아르마냑 리큐어 10ml

샴페인 수프Soupe de Champagne (6인 기준) 샴페인 한 병, 쿠앵트로나 그랑 마르니에 같은 오렌지 리큐어 50ml, 라임즙 50ml, 사탕수수 시럽 50ml

카리부 Caribou (1인 기준) 과일 향이 나는 영 레드 와인 70ml, 위스키 30ml, 레모네이드 70ml, 레몬 1/4쪽, 꿀 1큰술

부오나파르트 Buonaparte (1인 기준) 샴페인 100ml, 자몽즙 20ml, 만다리 리큐어 20ml, 블루 쿠라소 5ml, 석류 시럽 5ml

팡톰 Fantôme (1인 기준) 드라이 화이트 와인 4/5잔, 배 브랜디 1/5잔, 생크림 1큰술

햄프턴 Hampton (1인 기준) 샴페인 100ml, 위스키 40ml, 진 20ml, 마티니 같은 화이트 베르무트 20ml

로얄 패션 Passion Royale (1인 기준) 샴페인 90ml, 앙고스투라 비터 Angostura bitter 5ml, 패션 프루츠 리큐어 20ml, 블랙베리 크림 10ml

스위트 다니엘 Sweet Daniele (1인 기준) 샴페인 90ml, 바나나 리큐어 15ml, 진 15ml, 블루 쿠라소 5ml

과일 샴페인 (1인 기준) 샴페인 80ml, 원하는 과일 주스 40ml, 딸기 리큐어 5ml

와인이 없는 하루는
해가 없는 하루와 같다

김치와 와인은 어울릴 수 없다?

한국에서도 와인 애호가의 수가 점점 늘어나고 있다. 이는 참 반가운 현상이다. 그러나 애석하게도 한국 음식과 와인은 어울리기가 힘든 게 사실이다. 한국 음식은 대부분 맵거나 뜨거운 국물이 많은데, 이런 맛은 와인과는 궁합이 안 맞는다. 한국인 남편과 한국에서 살고 있는 와인 애호가인 나로서는 참으로 안타까운 일이었다.

그래도 와인과 어울리는 한국 음식을 끝없이 찾아본 결과, 몇 가지 성과가 있었다. 삼겹살을 먹을 때 목을 시원하게 축이는 차가운 로제 와인이나 아로마가 풍부한 화이트 와인을 곁들이니 잘 어우러졌고 보졸레 와인도 잘 맞았다. 불고기를 양념할 때 와인에 재우면 입 안에서 감칠맛이 돈다. 유황 오리에 피노 누아 품종의 와인을 곁들인다면 그야말로 잊을 수 없는 식사가 될 것이다. 한국의 각종 전들은 심플하면서도 타닌이 지나치지 않은 레드, 혹은 로제나 화이트 와인과도 제법 잘 어울린다. 생선회라면 샤블리나 뉴질랜드의 샤르도네 품종과도 안성맞춤이다. 맵고 뜨거운 국물만 피하면 얼마든지 한국 음식과 어울리는 와인을 찾아볼 수 있다.

김치와 와인

한국인들은 김치 없이는 못 산다. 김치와 와인은 발효 음식이라는 공통점이 있다. 그래서인지 김치 맛에 길들여진 프랑스인들도 많고, 와인을 좋아하는 한국인들도 최근 폭발적으로 늘어났다. 그러나 김치와 와인은 서로 친해지기 힘든 궁합이다. 좋아하는 김치와 와인이건만, 이 둘을 함께 먹으면 서로 맛을 변질시켜버린다. 짜고 매운 김치에 레드 와인을 함께하면 입 안이 제대로 괴로워진다. 타닌이 느껴지는 와인이라면 그 정도는 더욱 심해진다. 익혔다고는 하지만 김치찌개 역시 마찬가지다. 짜고 매울 뿐 아니라 선상기상으로 와인과 최고로 안 맞는 느끼운 국물까지 추가되는 것이니까 말이다.

날김치와 와인은 영원한 숙적임이 확실하다. 여러 번의 실험 끝에 내린 결론이다. 여러분이 직접 시험해봐도 좋겠지만 굳이 권하고 싶지는 않다. 진정 와인에 김치는 곁들이는 것은 불가능할까? 나는 남편과, 때론 나의 한국인 친구들과 함께 여러 가지 김치 요리를 시도해봤는데, 다행히도 전부 헛수고는 아니었다. 여기 작은 성과를 보인 몇 가지 김치 요리를 소개하려 한다.

김치전 누구나 쉽게 만들 수 있는 김치전. 김치로만 만들면 산뜻하고, 약간의 해산물도 넣으면 든든한 간식이 된다. 비가 오는 날이나 추운 날 제격인 이 김치전이 의외로 와인과 잘 어울렸다.

Wine Match 영한 스위트 화이트 와인 혹은 괜찮은 소테른 와인, 아니면 세롱 와인이나 만생종 와인을 곁들이면 환상적이다.

백김치 스테이크 (4인 기준) 스테이크 4쪽, 백김치 1/2포기, 채 썬 양배추 약간, 채 썬 초록 피망과 붉은 피망, 드라이 화이트 와인 2큰술, 올리브 오일, 파슬리, 후추, 소금

1. 프라이팬에 올리브 오일을 두른 후 소금, 후추, 파슬리를 조금 넣고 스테이크를 센 불에 살짝 익힌다.
2. 잠시 동안 그대로 둔다.
3. 양배추, 피망과 백김치를 기름 두른 프라이팬에 볶는다. 소금과 후추를 친다.
4. 화이트 와인을 넣는다. 이때 냄비 속 와인에 불이 붙을 수도 있다.
5. 스테이크 위에 '완성된 볶은 백김치'를 따뜻하게 올리고, 찐 감자나 밥을 곁들인다.

Wine Match 알자스 슈쿠루트(프랑스 알자스 지방의 대표적인 요리, 발효시킨 양배추 절임과 각종 소시지, 감자에 화이트 와인을 넣고 푹 끓임)와 비슷하기 때문에 시원한 게부르츠트라미너 품종의 와인과 곁들이면 최고다.

화이트 와인에 볶은 백김치를 얹은 스테이크 & 게부르츠트라미너 품종의 와인

김치 스테이크 소스 고백하자면 이 놀라운 김치 소스는 내가 개발한 것이 아니다. KBS의 〈감성 매거진〉이라는 프로그램에서 촬영차 보르도에 갔을 때, 그곳의 유명한 그랑 셰프한테서 배운 레시피다. 우리는 셰프한테 김치를 갖다 주면서 와인과 어울릴 만한 요리 하나를 만들어달라고 주문했고, 셰프는 다소 생소할 수 있는 김치로 금세 훌륭한 소스를 만들어냈다. 비록 나의 레시피는 아니지만 너무나 새롭고 놀라운 퓨전 레시피이기 때문에 함께 공유하고 싶다.

(4인 기준) 배추김치 200g, 우유 1컵, 생크림 1컵, 소금, 후추
1. 김치, 우유, 생크림을 10~15분간 약한 불에서 익힌다.
2. 소금과 후추로 간한다.
3. 믹서기에 곱게 간다.
4. 뜨거울 때 스테이크와 사이드 채소 위에 얹는다.

Wine Match 이태리의 피노 그리 품종의 와인을 추천한다.

참치 김치 키쉬 나의 큰아들은 파이의 일종인 키쉬의 열성 팬이다. 이 참치 김치 키쉬는 아들을 위해서 개발한 나만의 레시피다.

(6~8인 기준) 바로 사용 가능한 파이 반죽(제과점에서 3천 원 정도에 판매), 배추김치 1/2포기, 양파 1개, 파 1단, 참치 통조림 1개, 계란 3개, 생크림 1컵, 프랑스 에멘탈 치즈 간 것 약간, 올리브 오일, 소금, 후추

1. 24~26cm 파이틀에 반죽을 펴 넣는다. 반죽에 주름을 잡아서 10~15분간 150도 정도의 오븐에 굽는다.
2. 올리브 오일을 두른 프라이팬에 김치, 양파, 파를 넣고 볶는다.
3. 참치 통조림을 넣는다.
4. 미리 구워둔 반죽에 볶은 것을 올려 고루 펴준다.
5. 큰 그릇에 계란, 생크림, 소금, 후추를 넣고 힘차게 젓는다.
6. 반죽 위에 붓는다.
7. 에멘탈 치즈를 살짝 뿌린다.
8. 180도 오븐에 30분 정도 굽는다.
9. 녹색 채소 샐러드와 곁들여 따뜻할 때 먹는다.

Wine Match 프랑스 프로방스 지역의 로제 와인 혹은 샤르도네 품종의 와인이 좋다.

김치 찌개와 와인

한국의 찌개, 탕, 국 등은 모두 기가 막히게 맛있다. 하지만 와인을 곁들이기엔 너무 뜨겁고 맛이 강해서 어울리지 않는다. 서구에서도 물론 수프를 먹긴 하지만 그때는 와인을 곁들이지 않는다.

또한 맛과 질감의 문제를 떠나서 뜨거운 것과 시원한 것을 동시에 먹게 되면 치아에도 결코 좋지 않다. 뿐만 아니라 음식 자체의 온도가 높기 때문에 알코올의 효과가 더 두드러져, 머리로 불이 오르는 느낌이

들게 된다. 또한 뜨거운 걸 먹는 순간 혀의 감각이 일시적으로 마비되기 때문에 와인의 어떠한 아로마이든 그때만큼은 느끼기 힘들게 되는 것도 함께 마시지 말아야 하는 또 다른 이유가 된다. 한국에 와서 소주 안주로 뜨겁고도 매운 찌개를 시켜 놓고서는 "아, 시원하다"를 연발하는 한국인 친구들을 처음 봤을 때 놀라지 않을 수 없었다. 사실 알코올 도수 22도의 소주를 벌컥벌컥 들이키는 것은 빨리 취하기 위해서이지 그 맛이나 향을 즐기기 위함은 아닐 것이다. 결국 독한 소주를 한입에 털어넣고 뜨끈한 찌개를 함께 하면 순간적으로 위 속에서 내용물이 희석되는 느낌이 들면서 속이 편해지기 때문에 "시원하다"라는 감탄사가 나오는 것이 아닐까? 더군다나 매운 찌개를 먹을 때면 엔도르핀이 분비되기 때문에 스트레스가 해소되며 시원함을 느낄 것이다.

맵든 맵지 않든 찌개와 와인은 어울리지 않는다. 찌개는 어느 정도 간간하기 때문에 입 안에서 와인의 아로마를 변질시키기 때문이다. 그렇기 때문에 취하는 것이 목적이 아닌, 와인을 즐기고자 한다면 찌개와 함께 와인을 마시지는 않을 것이다. 찌개와 함께 마시면 와인은 아로마는 전혀 느끼지 못하고 위장 내에서 소주와 동일한 효과만을 내게 될 것이다. 취하기 위해 좀 더 비싼 값을 치르는 셈이다. 게다가 다음날 숙취 또한 대단할 것이다.

이에 얽힌 서글픈 일화를 하나 소개하자면 결혼 10주년 선물로 샤토 탈보Château Talbot 1995년산 빈티지를 선물받은 적이 있었다. 샤토 탈보라면 한국에서도 잘 알려져 있는 최상급 메독 와인으로, 가장 유명한 그랑 크뤼일 것이다. 가뜩이나 좋아하는 와인이었던 데다가 유명한 빈티지였

샤토 탈보

기 때문에 특별한 날을 위해 잘 보관해놓고 있었다. 때가 되었을 때, 7월 내 생일이나 9월 남편의 생일날, 둘이 오붓하게 마셔야지 하면서. 탈보를 따는 날을 기다리며 설레기까지 했다. '고대하다' 란 이럴 때 쓰는 말이겠지.

그러던 어느 날, 시댁 식구를 저녁 식사에 초대하게 되었다. 시어머니와 남편의 외사촌, 그리고 그 사촌의 가족들이 모인 자리였다. 화기애애한 가족 모임의 단골 메뉴, 김치찌개와 삼겹살 구이를 준비했다. 음료로는 메뉴에 걸맞게 맥주가 철철 넘쳤고 모두들 즐거운 시간을 보내고 있었다. 곧 사람들은 몽골에서 갖고 온 위스키와 보드카 같은 독주를 커다란 유리잔에 부어 얼음도 없이 벌컥벌컥 들이켰다.

그때였다. 술이 거나하게 오른 남편이 탈보 와인 이야기를 꺼낸 것은! 그는 식구들한테 기억에 남는 식사를 만들겠다는 요량으로 특별한 날을 위해 성스럽게 아끼던 탈보 와인을 대접하려 한 것이다. 모두들 신나서 환호했고, 남편은 그 보물을 꺼내오라고 말했다. 제법 취한 시어머니와 사촌은 "탈보! 탈보!"를 연신 외쳐댔다. 나는 당혹스러워서 어찌할 바를 몰랐다. 차라리 식사 전 초저녁이었다면 함께 즐길 수도 있었을 것이다. 하지만 찌개에다 독주까지 들이킨 지금, 그 와인을 꺼내려다는 것은 상상할 수도 없었다.

"탈보! 탈보!"

외침은 계속되었다. 오, 제발! 지금은 안 된다. 누구도 그 맛을 만끽하지 못할 텐데 그 훌륭한 와인을 그렇게 버릴 수는 없었다.

"탈보! 탈보!"

남편은 자리에서 일어나 부엌으로 오더니 와인을 꺼내달라고 나를 설득하기 시작했다. 효자 노릇을 하겠다는 일념에 똑같은 걸 다시 사주겠다는 약속도 잊지 않았다.

"하지만 95년산 빈티지인데! 값도 비싸고, 같은 걸로 다시 사기도 힘들단 말이야!"

"걱정 마, 내가 약속한다니까."

항복할 수밖에 없었다. 남편은 병을 집어들고 마개를 땄다. 사람들은 앞서 맥주, 보드카, 위스키를 마셨던 것처럼 웃고 떠들며 재빨리 병을 비웠다. 나도 한잔 마셨다. 황홀하면서도 씁쓸한 맛이었다.

그렇게 1995년산 탈보는 사라졌다. 영원히 사라졌다고 해야 맞을 것이다. 왜냐하면 결국 남편은 탈보를 다시 못 샀기 때문이다. 그 와인이 내게는 얼마나 소중하고도 의미 있는 것인지는 상상조차 하지 못한 채……. 그 생각만 하면 아직도 아찔하다.

간단하고 맛좋은 바비큐 요리

외국에서든 한국에서든 친구들과의 바비큐 파티는 즐겁다. 바비큐는 누구나 좋아하면서 만들기도 쉬운 간단한 요리다. 요리 실력이 없는 사람도 쉽게 근사하면서 영양 만점인 요리를 만들어 낼 수 있는 것이 바로 바비큐인 것이다. 바비큐 파티 때는 대체적으로 남자들이 불 앞에 서기 때문에 여자인 내 입장에서는 더욱 편하다. 마당이나 테라스가 있는 집이라면 더욱 안성맞춤이다. 마당이 없다면 실내용 전기 그릴을 사용해도 5~6인용 바비큐에는 문제 없다. 재미있고, 쉽고, 맛 또한 끝내준다. 거기에 좋은 와인을 곁들이면 그야말로 금상첨화다.

바비큐는 쇠고기, 돼지고기, 닭고기, 생선 등 재료에 따라 다양하다. 육류는 서로 섞어도 되지만, 생선은 함께 구우면 냄새가 섞이기 때문에 따로 굽는 편이 좋다. 바비큐 파티 때는 균형 잡힌 식사를 위해서 다양한 샐러드나 감자구이 혹은 한국식으로 밥을 곁들이면 되겠다.

쇠고기 바비큐

한국식 갈비와 불고기 갈비나 불고기와 같은 한국식 바비큐에는 지나치게 타닌이 강하고 구조감이 단단한 와인은 피하는 게 좋다. 짭조름하고 달콤한 소스 때문에 입 안에서 떫은 맛이 강해질 수 있기 때문이다. 또한 너무 달콤한 와인을 곁들이게 되면 식사가 끝날 때쯤이면 배가 더부룩하고 메스꺼워질 수도 있으니 이 또한 주의해야 한다.

Wine Match 최적의 궁합으로는 라이트하면서도 유연하고 아로마가 풍부한 레드 와인을 고르는 게 좋다. 프랑스 코르비에르 와인, 샤토뇌프뒤파프, 코트로티, 코트뒤론빌라주, 라이트하고 영한 보르도 와인, 이태리 키안티 클라시코 혹은 루피나 등이다. 영하고 풍미가 있는 로제 와인 또한 잘 맞는다. 칠레의 말벡, 캘리포니아의 진판델 품종의 로제 와인이나 아로마가 풍부한 화이트 와인도 제법 잘 어울린다. 또한 프랑스 알자스나 독일의 게부르츠트라미너 품종, 뉴질랜드의 소비뇽 블랑 품종의 와인도 좋다.

유럽식 쇠고기 구이 혹은 꼬치 구이는 간단하다. 갈비, 등심, 스테이크, 안심 등 부위에 상관 없이 소금과 후추로 간하거나 버터, 마늘, 타임, 바질, 오레가노, 파슬리 등의 허브를 넣고 바비큐로 구워 각자 원하는 만큼 익혀서 먹으면 된다.

꼬치의 경우에는 안심처럼 연한 부위를 골라 큐브로 잘라서 꼬챙이에 꽂되, 양파, 삼색 피망, 토마토를 번갈아가면서 꽂는다. 취향에 맞는다면 송아지 간 같은 내장을 더해도 된다. 그런 후 소금과 후추로 간하

쇠고기 스테이크 &
프랑스 보르도산 와인과 칠레산 메를로 품종 와인

고 생 허브나 마른 허브를 살짝 뿌린 후 굽기만 하면 끝!

> Wine Match 쇠고기 구이의 경우, 구조감이 있고 입 안에서 풍만함이 느껴지는 강력한 레드 와인이 잘 어울린다. 프랑스 부르고뉴의 코트드뉘 지역의 와인, 보르도의 메독, 포므롤, 생테밀리옹 와인, 미국, 호주, 칠레산 메를로 품종의 와인이면 좋다. 꼬치 구이에는 카베르네 소비뇽 품종의 영한, 최근 빈티지의 메독 와인, 뱅 드 페이 독, 코트뒤론의 풍부한 맛의 영 와인, 이태리의 키안티 리제르바 와인, 캘리포니아산 진판델 레드 와인, 호주산 쉬라즈 품종 와인이 잘 어울린다. 상쾌한 느낌이 나는 로제 와인으로 과일 향이 풍부한 프랑스 프로방스 로제나 풍미가 강한 캘리포니아 화이트 진판델 로제 와인도 좋다.

돼지고기 바비큐

양념 돼지 갈비 돼시 살비 양념 역시 불고기나 갈비처럼 달착지근하면서 간간하다. 때문에 타닌이 강하거나 지나치게 우아하거나 풍만한 와인은 피하는 것이 좋다. 다즙질이거나, 라이트하면서도 과일 향이 풍부한 레드 와인이 제격이다. 갈증을 해소해줄 수 있는 와인이어야 한다.

> Wine Match 레드 와인으로는 프랑스 앙주, 보졸레 빌라주, 상세르, 코트뒤론의 와인들, 알자스 피노 누아 품종의 와인, 이태리 발포리첼라, 키안티 와인 등이 좋다. 드라이하면서 과일 향이 풍부한 화이트 와인으로는 프랑

스 샤블리, 소뮈르^{Saumur}, 그라브, 상세르, 코트 드 프로방스 지역의 와인이 잘 어울리고, 뉴질랜드산 소비뇽 블랑 품종의 와인도 괜찮다.

돼지고기 구이 한국식 삼겹살 또는 소시지와 서구식 돼지 갈비 등을 말한다. 삼겹살이라면 소금을 살짝 뿌려서 구우면 된다. 프로방스 허브를 뿌린 돼지 갈비도 마찬가지이다. 이때 갈비는 뼈 방향대로 자른다.

소시지는 그대로 굽거나 허브를 뿌려서 굽는다. 한국에서 진짜 맛있는 좋은 소시지를 찾는다면 가빈 소시지(www.gavin.co.kr)를 추천한다. 단 매콤한 소시지나 김치 소시지에는 모든 와인이 다 어울리는 것은 아니니 주의해야 한다. 이때는 화이트 와인이나 시원한 로제 와인이 어울린다.

Wine Match 레드 와인으로는 프랑스의 보졸레 누보, 베르제락 와인, 크로즈 에르미타주$^{Crozes\ hermitage}$ 등 코트뒤론의 다즙질이면서 과일 향이 풍부한 와인, 그리고 호주산 메를로, 쉬라즈로 만든 단일 품종 와인이 좋다. 화이트 와인을 원한다면, 프랑스 알자스, 독일의 리즐링 혹은 실바너 품종, 이태리의 피노 그리 품종의 와인으로 고르면 된다. 그리고 프랑스 프로방스 로제, 앙주 로제, 미국산 화이트 진판델 등 생기 있고 과일 향이 풍부한 로제 와인도 잘 어울린다.

닭고기 바비큐
서양에서는 여름에 바비큐 파티를 열면 붉은 고기를 싫어하는 손님들을 위해 가금류 꼬치를 몇 개 준비한다. 닭, 칠면조 등에서 살이 단단한 부분으로 골라 쇠고기 꼬치처럼 구우면 된다.

Wine Match 프랑스 코트뒤론이나 보졸레, 이태리 키안티의 레드 와인이 잘 어울리고, 프랑스의 앙주나 프로방스의 로제 와인도 좋다.

매콤한 소스를 사용하는 경우에는 한국식 닭고기 바비큐에 어울리는 와인을 고르면 된다. 한국식 닭고기 바비큐 요리는 언제나 매콤하고 정말 맛있다. 대표적인 게 춘천 닭갈비인데, 양념이 간간하기 때문에 레드 와인보다는 시원한 화이트 와인이 어울린다. 특히 매운 양념이라면 덜 달콤한 화이트 와인이 좋다.

Wine Match 이태리 피노 그리, 독일 리즐링 품종의 와인, 보르도 화이트 와인 등 약간 달콤한 화이트 와인, 게부르츠트라미너 품종의 스위트 화이트 와인이 잘 어울린다. 더 달콤한 와인을 원한다면, 프랑스 소테른, 세롱, 몽바지약 와인이 좋다. 단 모두 시원하게 마셔야 한다.

해산물 바비큐

생선 등 해산물로만 바비큐를 하는 것도 좋다. 재료의 질감과 맛에 어울리는 와인을 고르는 재미도 있다. 화이트 와인 중에 고르는 것이 선택의 폭이 넓지만, 꼭 화이트 와인을 고집하지 않아도 된다. 피노 누아나 가메 품종의 타닌이 강하지 않은 유연한 레드 와인을 차갑게 마셔도 잘 어울린다.

연어 스테이크 고급스러운 분위기를 낼 수 있는 고전적인 요리다. 연어 살에 그릴 선이 잘 찍히도록 굽는 것이 요령이다.

> **Wine Match** 화이트 와인으로는 프랑스 샤블리 등 부르고뉴 와인, 상세르, 이태리 소아베의 화이트 와인이 좋고, 레드 와인으로는 프랑스의 보졸레 와인과 알자스 지역의 피노 누아 품종의 와인이 잘 맞는다.

고등어, 참치 스테이크 나의 아버지는 매년 여름이면 친한 친구들과 고등어 낚시를 가곤 하셨다. 작은 배를 타고 해안에서 멀리 떨어지지 않은 곳으로 가는 낚시였다. 고작 몇백 미터 떨어진 곳이었다. 어떻게 낚시를 하시는지 궁금해서 한번 따라가본 적이 있었는데, 너무나도 단순한 방법에 놀라지 않을 수 없었다. 물론 고등어 떼를 만난다는 전제하에 가능한 낚시였다.

먼저 아버지의 친구이자 배의 주인인 필립 아저씨가 모두에게 한 개씩 낚시 도구를 나누어주었다. 그 도구라는 것이 나무판에 감겨 있는 긴 낚싯줄에 지나지 않았다. 줄 끝에는 낚싯바늘과 미끼가 줄줄이 달려 있었고, 줄 중간쯤에는 20cm 정도의 나무판이 매달려 있었다. 이 낚싯줄을 배 뒤쪽에 던지면 낚시가 시작되는 거였다. 낚싯줄을 물에 드리운 아저씨들은 더 이상 낚시에 신경 쓰지 않고 열심히 담소만 나누었다.

연어 스테이크 & 프랑스 샤블리 화이트 와인

그러다 배가 고등어 떼를 만나게 되어 고등어가 미끼를 물게 되면 낚싯줄이 팽팽해지면서 나무판이 순간적으로 수직으로 휙 올라온다. 그때 줄을 잡아당기면 고등어가 줄줄이 낚여서 끌려오는 것이다. 그야말로 식은 죽 먹기였다. 낚은 고등어는 선상에서 바로 내장을 빼고, 바닷물로 헹구었다. 갈매기들은 동그란 눈으로 우리를 바라보며 배 가까이로 낮게 날다가 배 밖으로 내던지는 물고기 내장이 바닷물에 닿기도 전에 낚아채곤 했다. 갈매기들은 보이지 않는 실로 배에 매달려 있는 듯한 착각을 불러일으켰다. 팔만 뻗으면 갈매기가 손끝에 닿을 것만 같았다. 그해 여름 낚시는 잊을 수 없는 즐거운 기억이었다.

이렇게 잡은 싱싱한 고등어에 소금과 후추로 간을 해서 여름 바람에 하루 살짝 말리고 나면 훌륭한 바비큐 재료가 된다. 친구들끼리 큰 테이블에 밤 늦게까지 둘러앉아, 웃고 마시고 떠들곤 했다. 이런 기억은 잊을 수 없는 최고의 추억거리다.

Wine Match 고등어나 참치 스테이크처럼 기름진 생선에는 어떤 와인이 어울릴까? 프랑스 상세르 화이트 와인이나 이태리 화이트 와인, 포도 품종으로는 소비뇽 블랑과 샤르도네 등 시원하고 생기 있는 화이트 와인이 좋다. 참치같이 붉은 살 생선에는 레드 와인이 잘 맞는데 프랑스의 코트 뒤론 빌라주, 타벨, 랑그독 와인이 어울린다.

그밖의 생선 구이 한국에서는 생선을 구워서 밥 반찬으로 먹는다. 우리 집에서 주로 구워 먹는 생선은 꽁치와 갈치다. 서양에서는 흰살 생선은 구이로 해서 주 요리로 먹거나, 감자 구이와 파스타 샐러드를 곁들여 바비큐로 먹는다. 정어리, 청어, 농어를 주로 먹는다. 기름기는 적으면서 고단백이어서 최고의 맛이다.

Wine Match 화이트 와인이 최고의 궁합이다. 프랑스의 코트드프로방스, 이태리의 소아베 와인이 잘 어울리고 품종으로는 샤르도네, 슈냉 블랑, 이태리의 베르디키오 등이 좋다.

조개 구이 서해안의 만리포와 천리포에는 멋진 추억이 있다. 우리는 바닷가를 따라 오래도록 산책을 했고, 몸 전체에 회색 뻘을 가득 묻힌 채 조개 껍질을 주워 성을 쌓으며 놀았다. 그렇게 하루가 저물 때쯤 석양을 바라보며 아줌마들이 즉석에서 구워주는 조개 구이를 먹던 맛은 잊을 수 없다. 가리비, 조개, 고동 등 다양한 구이는 너무나도 간단한 음식이면서도 환상적인 맛이었다. 마치 바다를 맛보는 느낌이랄까? 그때 마신 술은 소주였지만, 사실 매실주가 더 어울릴 것이다. 시원하고 향긋해서 해산물과는 딱이다. 생각만 해도 입에 침이 고인다!

Wine Match 프랑스 상세르, 샤블리, 앙트르되메르 혹은 뮈스카데 와인이 어울린다.

홍합 에클라드 친구 이자벨은 프랑스 서해안인 라로셸에 산다. 얼마 전 여름에 이자벨의 집에 들른 적이 있었다. 이자벨의 부모님은 우리를 반

가위하며 그들이 살고 있던 레섬으로 초대했다. 아이들은 개와 함께 정원에서 뛰어놀고, 이자벨의 아버지는 불이 꺼진 바비큐 돌 위에 커다란 청석 돌판을 올려놨다. 돌판 한가운데에는 커다란 못 하나가 고개를 빳빳이 들고 있을 뿐이었다. 이자벨의 아버지는 오랜 시간 공을 들이며 못을 중심으로 홍합의 좁다란 부분은 하늘로 향하게 하고 넓직한 부분은 아래로 향하게 하면서 차곡차곡 세우기 시작했다. 이자벨의 남자 형제들과 나와 남편도 거들었다. 이렇게 홍합들을 전부 하늘로 세우고 난 후 이자벨의 아버지는 그 위에 마른 솔잎을 풍성하게 올렸다. 그런 후 아이들의 환호 속에서 솔잎에 불을 지폈다. 아이들에겐 단순한 불놀이였지만, 어른들은 맛좋은 저녁을 기대하는 마음에 더욱 설레였다. 마른 솔잎은 건초더미처럼 활활 타올랐다. 5분 후에 불이 완전히 꺼지고 홍합은 활짝 열렸다. 따끈따끈한 홍합은 환상적인 맛이었다.

이것이 그 유명한 홍합 바비큐인 홍합 에클라드^{éclade}였다. 홍합은 자주 먹었지만 이렇게 구워 먹어본 것은 처음이었다. 멋진 쇼에 멋진 음식, 잊을 수 없는 장면과 맛이다.

Wine Match 에클라드에는 시원한 화이트 와인이 가장 멋진 궁합이다. 프랑스의 앙트르되메르, 샤블리, 상세르 화이트 와인, 포르투갈의 비노 베르데$^{Vinho Verde}$, 시원하고 생기 있는 독일의 드라이 화이트 와인이 그 예다.

문어 구이 대학 동기들과 국제법 세미나에 참석하기 위해 그리스에 갔을 때였다. 우리는 저녁이 되면 밖에 나가서 쉬는 시간을 가졌다. 지중해의 모든 나라가 그렇듯 그리스 또한 저녁이 되면 아름다운 계절을 더욱 만끽할 수 있었고, 하얀 집들이 늘어선 길들을 한가로이 산책하는 것만 큼 멋진 것도 없었다. 바닷가를 따라 거닐며 파도에 발을 담그고, 그리 스 전통 음악인 시르타키에 맞춰 따스한 공기를 들이마시는 하루하루 는 그야말로 그림 엽서의 장면과도 같았다.

내가 특히 좋아했던 것은 바닷가를 따라 늘어서 있는 작은 식당에 들 어가는 것이었다. 이 식당들은 모래 사장 위 물가까지 테이블을 죽 늘 어놓고 있었다. 현지 음식을 늘 즐기던 우리였지만, 어느 날 지배인이 어마어마하게 큰 문어를 들고 와서 문어 바비큐를 제안했을 때는 놀라 지 않을 수 없었다. 그릴에 구운 문어라니! 그런 것은 한 번도 먹어본 적이 없었던 것이다. 문어는 불 위에 올려놓자마자 여덟 개의 발이 또 르르 말리며 쪼그라들기 시작했다. 지배인은 살이 단단해지지 않도록

IDA DAUSSY **TIP**
레치나^{retsina} 와인이란?

여타 와인과 같은 방식으로 양조된 드라이 화이트 와인이다.
다만 고대의 와인 맛을 재현하기 위해 알레프^{Alep} 송진을 즙에 섞는다는 차이만 있다.
과거 그리스에서는 구운 흙 단지에 와인을 담아 운반했는데, 석고와 송진으로 입구를 봉했었다.
이때 송진의 맛이 와인에 살짝 배면서 와인의 보관과 숙성에 유리하게 작용했던 것이다.
오늘날에는 흙단지를 사용하지 않지만, 양조 과정 중에 송진 조각을 넣어서
과거의 그 맛처럼 향을 살짝 가미하게 된 것이다.

센 불에 살짝 구운 문어를 작은 조각으로 잘라서 우리에게 서빙해주었다. 그리스 요거트, 마늘, 간 오이, 올리브 오일, 소금, 후추를 섞은 그리스의 유명한 '타지키 소스'에 찍어먹으니 맛이 끝내주었다. 겉은 충분히 익었으면서도 속살은 연하게 즙이 가득했고, 그릴 향도 살짝 나는 것이 환상적인 조화였다. 거기에 그리스의 유명한 화이트 와인인 레치나를 함께 곁들이니 우리의 식탁은 완벽해졌다.

결론적으로 레치나 와인을 곁들여 타지키에 찍어 먹는 문어 구이 맛은 다시 경험하기 힘든 굉장한 맛이었다.

담백하고 영양 만점 해물 요리

프랑스에는 "생선을 먹으면 똑똑해진다"라는 말이 있다. 생선은 인, 미네랄, 비타민이 풍부한 음식이며, 고단백이면서 기름기 또한 적다. 상대적으로 기름진 고등어나 연어도 육류보다는 기름기가 적다. 한국 사람들도 생선을 많이 먹기 때문에 생선을 좋아하는 나에게는 다행스러운 일이었다.

　프랑스 노르망디 해안 근처에서 태어난 나는 어린 시절부터 엄청난 양의 생선과 해산물을 먹으면서 자랐다. 1주일에 적어도 서너 번은 다양한 해산물과 생선으로 식탁이 차려졌다. 아버지는 취미로 원양 어업 기술을 연구하셨고, 관련 책도 여러 권 쓰셨다. 그래서인지 바캉스로 유럽 바닷가 어디를 가든 부모님은 늘 해산물에 관심이 많으셨다. 아버지는 낚시 기술에, 어머니는 그 지역의 해산물 요리 방법에 주목하셨다. 스페인 바닷가에서는 정어리 구이, 포르투갈에서는 대구 요리, 영국에서는 피쉬 앤 칩스, 벨기에에서는 프렌치 프라이를 곁들인 홍합 요리, 네덜란드에서는 살짝 훈제한 날 청어, 북유럽에서는 랑구스틴 냄비 요리와 참치 스테이크 등…….

바다에 대한 부모님의 열정은 대단하여서, 주말을 거의 바다에서 보내다시피 하셨다. 부모님은 주말 아침 일찍, 친구분들과 우리 집 근처로 바위 낚시를 가시곤 했다. 친구분들 또한 평소에는 회사, 병원, 대학교 등 각자 직장에서 열심히 일하고, 주말이면 부모님들과 같은 취미를 나누는 분들이었다. 여자들은 물 웅덩이 근처에서 손으로 홍합과 고동을 땄고, 남자들은 쇠 서클에 그물을 매달고, 가운데에는 미끼를 달아 놓은 일종의 가재 잡이용 그물 같은 걸로 대게, 꽃게, 거미게 등 다양한 게들을 낚곤 하셨다.

나와 형제들은 커서 함께 따라가기 전까지는 집에서 주말 낚시꾼으로 변신한 부모님이 돌아오시기를 애타게 기다리곤 했다. 부모님과 친구분들은 낚시를 끝내고 돌아오시면 그닐 딴 홍합을 부엌의 대야에 담가놓으셨다. 홍합은 자그마한 게를 게워내곤 했고, 우리는 그 게들을 갖고 노는 걸 좋아했다. 저녁에는 그날 잡은 해산물들을 손질하여 다같이 만찬을 즐겼다. 물론 좋은 와인 한 병을 곁들여서 말이다.

프랑스는 지리적으로 바다와 접하는 면이 많아서 해산물이 풍부하기로 유명하다. 프랑스에 들르게 되면 다양한 생선 요리와 해산물 요리를 즐길 수 있는 것이다. 특히 석화 등 해산물 모둠과 홍합 요리는 절대 놓치지 말아야 한다!

해산물 모둠

나의 할머니는 다양한 해산물 요리의 전문가였는데, 모든 해산물을 조리할 수 있는 간단한 비법을 갖고 계셨다. 바로 쿠르부용(court-bouillon, 와인, 후추, 채소, 물 등을 넣어 끓인 국물)에 약한 불로 20분간 요리하는 것이었다. 생선이든 해산물이든, 작은 조각이든 큰 조각이든 문제없었다. 주의할 것은 강한 불에 부글부글 끓이지만 않으면 되는 것이다.

만드는 법 살아 있는 게, 대하, 살아 있는 석화, 고동이나 작은 소라류, 취향에 따라 가재, 한국식으로는 멍게, 해삼, 문어 숙회 등을 넣어도 좋다.

간단한 레시피는 아래와 같다. 가재나 게처럼 필요한 경우에는 먼저 몇 시간 동안 찬물에 담가놓아 해감을 뺀 후 쿠르부용으로 익힌다.

가재 소금과 후추로 간하고 타임, 파슬리 등 허브를 넣은 국물이 끓으면 가재를 넣는다. 벗어나려고 발버둥치는 가재의 모습이 안쓰럽긴 하지만 너무 맛있다. 불을 줄이고 할머니께서 늘 말씀하듯이 20분 동안 약한 불에서 끓이면 완성이다. 마지막에 물을 빼고 찬물에 헹구어서 식사 때까지 기다리면 된다.

게 소금, 후추, 허브로 간을 한 찬물에 게를 넣는다. 처음 끓기 시작하고 5분이 지나면 찬물에 헹군다.

대하나 소라류 찬 물에 담가서 소금과 후추로 간을 한 후 치음 끓기 시작한 후 2분이 지나면 불을 끈다. 찬 물에 헹구어서 물기를 뺀다.

석화 식사 직전에 칼을 사용해서 석화를 열어놓는다. 위험하니 주의해야 한다. 되도록이면 남자의 도움을 받는 것이 좋다. 유럽에서는 살아 있는 석화를 껍질이 붙어 있는 채로 먹는다. 요리해서 먹는 경우도 있지만, 싱싱한 석화는 그냥 먹는 게 더 맛있다.

여기에 곁들이는 소스로는 게와 소라의 경우엔 겨자 마요네즈 소스 혹은 잘게 다진 마늘에 올리브 기름을 부어서 만든 프랑스 남부식 마요네즈, 석화에는 레몬즙, 소라류에는 양파 프렌치 소스. 원한다면 초장도 괜찮다.

Wine Match 프랑스 샤블리, 앙트르되메르, 뮈스카데 와인과 품종으로는 소비뇽 블랑끼 리즐링이 길 이울린다.

홍합 요리

홍합은 수백 년간 사람들이 먹어왔던 것으로 저지방, 저열량이면서 고단백 식품이다. 칼슘, 마그네슘, 철분, 요오드가 많이 함유되어 있어서 성장에도 좋고, 생체 리듬과 신경 체계에도 좋은 음식이 홍합이다. 요즘은 1년 내내 홍합을 먹을 수 있지만, 실제로 6월에서 12월이 제철이다. 홍합을 구입할 때는 입을 살짝 벌리고 있는 것은 상해 있을 수 있으

홍합 요리 & 소비뇽 블랑 품종의 뉴질랜드 화이트 와인

니 피한다. 신선한 홍합은 입을 꼭 다물고 있다가 익으면 저절로 열린다. 반대로 홍합을 익혔는데 입을 벌리지 않은 것이 있다면 대부분은 상한 홍합이니 먹지 말아야 한다.

홍합 요리는 무궁무진하다. 양파 소스로 요리한 물르 마리니에르 Moules marinières, 블루 치즈 홍합, 카레 홍합, 토마토 홍합, 물르 알라 디아블르Moules à la diable, 베이컨 홍합 등……

아버지는 우리 집의 홍합 전문가셨다. 아버지는 원래 음식에는 통 소질이 없으신데 홍합만은 달랐다. 아버지는 우선 홍합을 깨끗이 닦으신 후 위대한 마술사라도 되는 듯이 커다란 냄비에 자신만이 갖고 있는 비법으로 홍합 요리를 하곤 하셨다. 서울에서도 이태원 생텍스나 미농 혹은 라시갈에서 맛있는 홍합 요리를 맛볼 수 있다. 아니면 집에서 직접 만들어 먹어도 좋다. 홍합 요리는 사실 아주 간단하다.

물르 마리니에르 (4인 기준) 홍합 2kg, 다진 양파 1/2개, 마늘 2알, 파 1대, 다진 파슬리 2큰술, 타임 1잎, 드라이 화이트 와인 2잔, 버터 100g, 소금, 후추

 1. 홍합을 박박 씻어서 껍데기에 붙어 있는 것들을 다 떼어낸다.
 2. 냄비에 버터를 두르고 양파, 파, 마늘을 볶는다.
 3. 깨끗이 씻은 홍합을 물 없이 냄비 안에 넣는다.
 4. 소금과 후추로 간을 한 후, 허브를 넣고 화이트 와인을 붓는다.
 5. 뚜껑을 덮어 홍합이 열릴 때까지 중불로 익힌다.
 6. 이제 맛있게 먹는 일만 남았다.

Wine Match 프랑스의 뮈스카데 와인, 소비뇽 블랑 품종의 산뜻한 향이 나는 화이트 와인, 프랑스의 앙트르되메르, 포르투갈의 비노 베르데 와인이 잘 어울린다.

카레 홍합 (4인 기준) 홍합 2kg, 게부르츠트라미너 품종의 화이트 와인 1컵, 무가당 생크림 1컵, 카레 가루 1작은술, 고추 약간, 파슬리, 소금, 후추
  1. 센 불에 씻은 홍합을 익힌다.
  2. 소금, 후추로 간을 하고, 와인, 카레, 고추를 넣는다.
  3. 홍합이 열릴 때까지 익힌다.
  4. 마지막으로 생크림을 넣고 불을 줄인다.

Wine Match 프랑스 알자스나 독일산 게부르츠트라미너 품종의 화이트 와인 혹은 과일 향이 나는 향긋하고 신선한 화이트 와인을 곁들이면 좋다.

물르 알라 디아블르 홍합 2kg, 양파 1개, 마늘 2개, 올리브 오일 3큰술, 토마토 소스 300g(집에서 만들거나 캔으로 파는 것), 드라이 화이트 와인 1/2잔, 파슬리, 고춧가루 1작은술, 사프란 약간, 소금, 후추
  1. 홍합을 씻는다.
  2. 올리브 오일을 두르고 양파와 마늘을 볶는다.
  3. 센 불에 홍합을 넣는다.
  4. 허브와 향신료, 토마토 소스, 소금, 후추, 화이트 와인을 넣는다.

5. 뚜껑을 덮고 홍합이 열릴 때까지 약한 불에서 익힌다.

Wine Match 샤르도네, 소비뇽 블랑 품종의 드라이 화이트 와인이 잘 어울린다.

그밖의 해산물 요리들

생선에는 화이트 와인이라는 공식에 아직도 얽매이는가? 그런 건 잊어버리자. 차가운 화이트 와인과 짭조름한 생선 요리가 잘 어울린다면, 타닌이 강하지 않은 레드 와인은 생선 구이와 멋지게 어우러질 수 있다. 이와 마찬가지로 육질이 신선한 생선은 프로방스식으로 레드 와인을 넣어 요리할 수 있다. 마음이 가는 대로 하면 된다. 각종 해물과 어울리는 와인 팁 몇 가지를 소개한다.

게, 새우(찜 혹은 쿠르부용) 갈증을 시원하게 해소시켜주는 드라이 화이트 와인 혹은 유연하면서도 과일 향이 풍부한 화이트 와인이 좋다. 예를 들면, 프랑스의 샤블리, 프티 샤블리Petit Chablis, 앙트르되메르, 뮈스카데 와인이 잘 어울리며, 품종으로는 피노 블랑, 소비뇽블랑, 실바너, 샤르도네 품종을 추천한다.

가재 풍부하면서 우아한 드라이 화이트 와인이 잘 어울린다. 프랑스 부르고뉴의 샤블리, 뫼르소Meursault, 몽트라셰 화이트 와인, 칠레나 미국 캘리포니아의 샤르도네 품종, 그 외에 슈냉 블랑, 세미용, 소비뇽 블랑, 리즐링 품종 와인을 추천한다.

석화, 해삼, 멍게, 산 낙지, 산 오징어 게, 새우와 마찬가지로 시원한 드라이 화이트 와인 혹은 과일 향이 풍부한 화이트 와인이 잘 어울린다. 프랑스의 샤블리, 프티 샤블리, 앙트르되메르, 뮈스카데 와인, 품종으로는 피노 블랑, 소비뇽 블랑, 실바너, 샤르도네 품종이 잘 맞는다.

바비큐 해산물(가리비, 조개 구이) 풍부하면서도 우아한 드라이 화이트 와인으로 프랑스 부르고뉴 화이트, 칠레산 혹은 미국 캘리포니아산 샤르도네, 프랑스 알자스 혹은 독일산 리즐링 품종 와인이 잘 맞는다.

생선 구이 흰살 생선은 풍부하면서 우아한 화이트 와인이 어울린다. 이태리 소아베, 프랑스 부르고뉴산 고급 화이트 와인인 샤블리 프르미에 크뤼(Premier Cru, 1등급)나 그랑 크뤼라면 좋다. 참치, 고등어 같은 기름진 생선엔 라이트하면서도 생기 있는 화이트 와인인 프랑스의 뮈스카데, 상세르 지역 와인, 소비뇽 블랑, 실바너 품종 와인이 잘 맞는다. 타닌이 강하지 않은 레드 와인도 좋은데 프랑스 코트뒤론, 코르비에르 와인, 보졸레 와인 등은 맛도 좋고 여름 분위기가 물씬 난다.

훈제 생선 블랑 드 블랑(blanc de blanc, 샤르도네 같은 청포도 품종으로 만든 스파클링 와인을 말한다. 피노 누아 같은 적포도 품종으로 만든 스파클링 와인은 '블랑 드 누아blanc de noir' 라고 한다), 프랑스의 상세르 와인, 알자스 혹은 독일의 리즐링 품종 와인을 추천한다.

생선 튀김 프랑스 앙트르되메르, 뮈스카데 와인, 프라스카티 수페리오레 Frascati superiore, 샤르도네와 사바냉 품종으로 만든 프랑스 쥐라 지역의 화이트 와인이면 좋다.

생선회 풍부하면서도 우아한 드라이 화이트 와인을 추천한다. 프랑스 샤블리 프르미에 크뤼, 뫼르소, 보르도 그라브 화이트 와인이 좋고, 뉴질랜드산 샤르도네, 캘리포니아산 소비뇽 블랑으로 만든 와인도 잘 어울린다.

본아페티!(Bon appétit, 불어로 '맛있게 드세요' 라는 뜻)

달콤한 디저트가 좋아 !

서양인이라면 디저트가 없는 식사는 상상조차 못 한다. 달콤하든 아니든 식사의 마무리로 꼭 뭔가를 먹는다. 어떤 사람들은 디저트를 먹기 위해 식사를 한다고 해도 과언이 아니다. 프랑스에서는 아이들이 뭔가 잘못하면 벌로 디저트를 못 먹게 하는 경우가 많다. 디저트가 얼마나 중요한지를 잘 보여주는 예다.

때문에 한국을 방문하는 외국인들은 디저트를 제대로 챙겨 먹지 않는 한국인들의 식습관 때문에 종종 고통을 받곤 한다. 떡이나 과일 몇 조각이 식후에 나오기도 하는데 특히 떡은 끈적끈적하고 달지 않아서 외국인들한테는 굉장히 독특하게 느껴진다. 그것도 아니면 매실차나 식혜가 디저트를 대신한다. 외국인들은 당황할 수밖에 없는 상황인 것이다. 하지만 시간이 흐르면 나처럼 다들 익숙해지기 마련이다.

요즘에는 디저트를 챙겨 먹는 한국 젊은이도 늘어나는 추세이니 디저트와 와인이 어떻게 어울릴지 짚어보자. 디저트 역시 와인과 함께하면 그 맛이 더욱 훌륭해질 수 있다. 그렇다면 달콤한 디저트에는 어떤 와인이 어울릴까?

나는 디저트와 마실 와인으로는 샴페인을 좋아하는 편이다. 공기처럼 가벼우면서도 파티 분위기가 나기 때문에 격식 있는 식사를 마무리하는 데에는 제격이라는 생각이 든다. 아페리티프에 잘 어울리는 것과 마찬가지로 식사의 마무리에도 훌륭하다. 샴페인은 맛도 좋지만, 그 안의 작은 기포들은 소화를 돕는 기능도 있다.

그래도 달콤한 디저트에는 와인을 주의해서 골라야 한다. 복숭아, 체리, 파인애플, 야자를 사용하는 과일 디저트라면 드라이 화이트 와인의 맛을 떫게 만드니 주의해야 한다. 레드 와인이라면 수렴성을 강하게 만들고, 화이트 와인이라면 공격적으로 만드는 경향이 있다. 샴페인 역시 브륏이라면 드라이 와인이므로 마찬가지다. 디저트와 와인의 궁합은 하나의 규칙이라기보나는 상식과 느낌에 관한 것이니 직접 경험해보는 것이 좋다.

일반적으로 디저트 와인이라고 흔히 부르는 와인이 디저트와는 무난하게 잘 어울린다. 디저트 와인은 화이트 와인으로는 리큐어 와인, 아이스 와인, 레드 와인으로는 포르토 와인 등이 있다. 이런 디저트 와인은 상당히 부드럽고 달콤하며 향이 진해서 디저트 맛을 한층 더 높여준다. 물론 단 것을 좋아하는 취향이어야 한다. 한국 친구들의 경우를 보면 디저트의 단맛과 와인의 단맛 때문에 몇 모금 이상은 못 참는 경우를 종종 봤다. 한국인의 입맛에는 맛보기용으로 몇 모금만 마시는 것이 낫다. 딱 적당히 맛있으면서도 달콤함을 느낄 정도로만……

한국에서 쉽게 찾아볼 수 있는 디저트와 어울리는 와인 몇 가지를 소개한다.

과일 디저트

한국에서는 식사 후 생과일을 내오는 경우가 대부분이다. 와인 없이 달착지근한 과일로 마무리하는 것이다. 와인 바에 가보면 계절 과일이라는 안주가 메뉴에 단골로 등장한다. 그렇지만 생과일과 와인은 쉽게 어울리는 궁합이 아니다.

보통 서구에서는 와인으로 요리한 과일 디저트를 와인과 곁들인다. 와인으로 요리한 복숭아, 말린 자두, 배와 스파클링 와인에 절인 딸기나 딸기 젤리 등이 그것이다. 과일 타르트나 케이크는 사람들이 무척 좋아하는 디저트이지만, 와인과는 어울리기 힘들다. 생과일은 더더욱 그렇다. 그렇다면 어떤 와인을 고를까?

생과일 와인으로 요리하지 않은 생과일이라면 어울리는 와인을 찾기가 까다롭다. 레드 와인을 곁들이면 입 안에서 수렴성을 강하게 느끼게 되고, 드라이한 화이트 와인이라면 떫은 맛이 강해져서 불쾌한 느낌을 줄 수 있다.

와인을 함께 마시지 않을 수도 있지만 정말 꼭 와인을 원한다면 달콤하면서 부드러운 리큐어 같은 와인을 고르는 것이 좋겠다. 이들 와인은

감귤류, 망고, 복숭아, 이국적 과일의 향으로 가득하다. 품종으로 말하면 뮈스카, 뮈스카델, 슈냉 블랑, 소비뇽 블랑 등이다. 신선한 딸기와 샴페인 브륏도 환상적인 조화를 자랑한다. 이는 영화의 러브신에 잘 등장하는 클래식하면서도 우아한 조합이다.

과일 타르트 과일을 한 번 익혀서 내오기 때문에 산도가 많이 떨어져서 와인과 조화를 이루기가 더 쉬워진다.

붉은 과일 타르트라면 샴페인 로제, 샴페인 드미섹, 뮈스카 품종 와인이 어울린다. 사과 타르트에는 프랑스 루아르의 스위트 화이트 와인, 복숭아나 살구 타르트에는 샴페인 섹, 샴페인 드미섹, 모스카토 다스티 와인, 아몬드가 들어가는 타르트라면 리큐어 와인이나 토카이 와인을 추천한다.

케이크

생크림이나 휘핑 크림 등을 얹은 케이크의 경우 기름지긴 하지만 맛이 강하지는 않다. 주저하지 말고 스파클링 와인을 선택하면 된다. 스파클링 와인의 달콤한 정도는 아래 내용을 참고하여 입맛에 맞게 고르면 된다.

· 달지 않은 와인 → 달콤한 와인
부르고뉴나 알자스산 크레망, 클레레트 드 디 → 독일산 젝트 → 스페인산 카바 → 샴페인 드미섹 → 이태리 모스카토 다스티 → 이태리 빌라

엠 같은 스파클링 테이블 와인

크림과 무스

바바리안 크림 같은 과일 무스나 초콜릿 무스 혹은 티라미수와는 역시 스파클링 와인이 어울린다. 샴페인 로제, 샴페인 드미섹, 모스카토 다스티 와인이면 좋다. 아니면 아로마가 풍부한 부드러운 와인도 좋다. 뮈스카 품종이 주가 되는 뱅 두 나튀렐, 봄드브니스의 뮈스카, 리브잘트 뮈스카, 발렁스 모스카텔, 혹은 리큐어 와인을 10도 정도로 차게 서빙해도 괜찮다. 소테른, 세롱, 카디약, 바르삭, 헝가리산 토카이, 캐나다산 아이스 와인 등 리큐어 와인은 초콜릿 무스나 크렘 브륄레, 레몬 크림과 환상적으로 어울린다.

조콜릿

초콜릿의 유혹은 참을 수 없다. 초콜릿을 너무나 좋아하는 내게 디저트를 하나만 골라야 한다고 하면 주저없이 초콜릿을 선택할 것이다. 특히 다크 초콜릿의 쌉쌀한 맛을 좋아한다. 초콜릿은 맛도 좋지만 건강에도 좋다. 폴리페놀이 풍부하고 항산화제, 마그네슘과 같은 미네랄도 많이 함유되어 있기 때문에 건강에 좋은 식품이다.

아즈텍 족은 초콜릿이 영적 지혜와 에너지를 가져다 준다고 믿었다. 또한 최음 효과가 있는 것으로 알려져, 결혼식 음료로 초콜릿 음료가 등장하곤 했다. 특히 아즈텍의 황제였던 몽테주마는 여인들을 만나기 전에 어마어마하게 마셨다고 전해진다. 그 유명한 카사노바도 초콜릿 음료의 애호가로 알려져 있다. 아즈텍 문화에서 초콜릿은 왕, 귀족, 종교의 상층 집단이 누릴 수 있는 호사였다. 열량이 풍부한 것으로 알려졌기 때문에 군사 활동 전에 아즈텍 전사들에게 초콜릿을 나눠줬다고 한다.

세계를 여행했던 코르테스는 스페인의 카를로스 1세 왕에게 다음과 같이 말하기도 했다.

"이 신의 음료는 사람의 저항력을 강화시키고 극도의 피로도 물러가게 한다. 따뜻한 코코아 한 잔이면 하루 종일 먹지 않고도 걸어다닐 수 있다."

17세기가 되어서야 초콜릿은 서구의 식물학자들과 의사들한테서 인정받기 시작했다. 영양가가 높고, 강장제 역할도 하면서 소화가 잘되는 식품으로 알려지면서 어떤 의사들은 만성질환이나 실연의 상처를 달래는 데 처방하기도 했다. 초콜릿이 사람들의 기분을 좋게 만든다는 것이었다. 여성들이 좋아하는 게 그런 이유에서일까?

초콜릿은 열량이 높다고 불평하기도 한다. 하지만 열량이 높은 초콜릿은 아주 단 밀크 초콜릿이나, 속을 채운 초콜릿이다. 카카오가 60퍼센트 이상 함유된 다크 초콜릿은 그렇지 않기 때문에 최고다. 카사노바는 샴페인보다 초콜릿을 선호했다고 하는데, 나는 샴페인과 초콜릿 둘을 모두 좋아한다.

초콜릿과 어울리는 와인은 어떤 것일까? 나는 다크 초콜릿과 샴페인

섹 혹은 샴페인 드미섹이면 최고의 조합으로 꼽는다. 샴페인 브륏과도 멋지게 어울린다.

바닐, 모리, 포르토, 리브잘트 같은 달콤한 와인들과 초콜릿은 그야 말로 천상의 조화다. 다크 초콜릿은 리큐어 와인이나 차가운 아이스 와 인도 잘 어울린다. 소테른 지역을 방문했을 때 쌉싸름한 퐁당 오 쇼콜 라(fondant au chocolat, 겉은 바삭하고 안에 부드러운 초콜릿을 담은 케이크의 일종)에 소테른 와인을 함께 곁들였더니 맛이 끝내주었다. 아직까지도 그 맛을 잊을 수 없다. 소테른 와인의 절인 과일, 꿀, 호두의 아로마가 다크 초콜릿의 살짝 쌉쌀한 맛을 잘 보완해주었다. 느끼하지도 않고 최 고였다.

떡과 한과

떡이나 한과는 별로 달지 않으면서도 쫄깃한 질감 때문에 뱅 누 나튀렐 화이트 와인이나 스파클링 와인이 잘 어울린다. 샴페인 브륏, 샴페인 섹, 샴페인 드미섹, 크레망, 모스카토 다스티, 세롱, 카디약, 바르삭 와 인, 이태리산 피노 그리 품종, 독일산 게부르츠트라미너 품종 와인들과 멋진 조화를 이룬다.

여기에서는 아이들이 좋아할 만한 맛있는 퓨전 떡 레시피를 소개한다.

따뜻한 초콜릿 떡 퐁뒤 (6~7인 기준)

퐁뒤 인절미 떡 작은 조각 500g, 쿠킹용 블랙 초콜릿 200g, 물 1스푼,

215

초콜릿 퐁뒤

생크림 50g, 계피 조금

고명 호두 알갱이, 헤이즐넛 작은 알갱이, 깨, 야자 파우더

용기 도자기 퐁뒤 세트, 양초, 나무 꼬치 혹은 작은 포크

1. 초콜릿, 물, 생크림을 약한 불에서 중탕한다.

2. 퐁뒤 세트의 양초를 켜고 위의 내용물을 담는다.

3. 떡을 따뜻한 초콜릿에 살짝 담근 다음 따로 준비한 호두나 헤이즐 넛, 깨, 야자를 묻힌다.

4. 바로 먹으면 된다!

Wine Match 달콤하고 알코올 함량이 많은 화이트 와인, 차가운 리큐어 와인이 잘 어울린다.

아이스크림과 셔빗

아이스크림은 차가우니 와인은 잊는 게 좋다. 찬 맛 때문에 미각이 잠시 마비되므로 어떠한 와인이든 아로마를 제대로 느낄 수 없게 된다. 그래도 와인을 고집하고 싶다면 혀의 감각이 돌아올 때까지 기다렸다가 마시도록 한다. 와인은 스파클링 와인 중에 고르면 좋다.

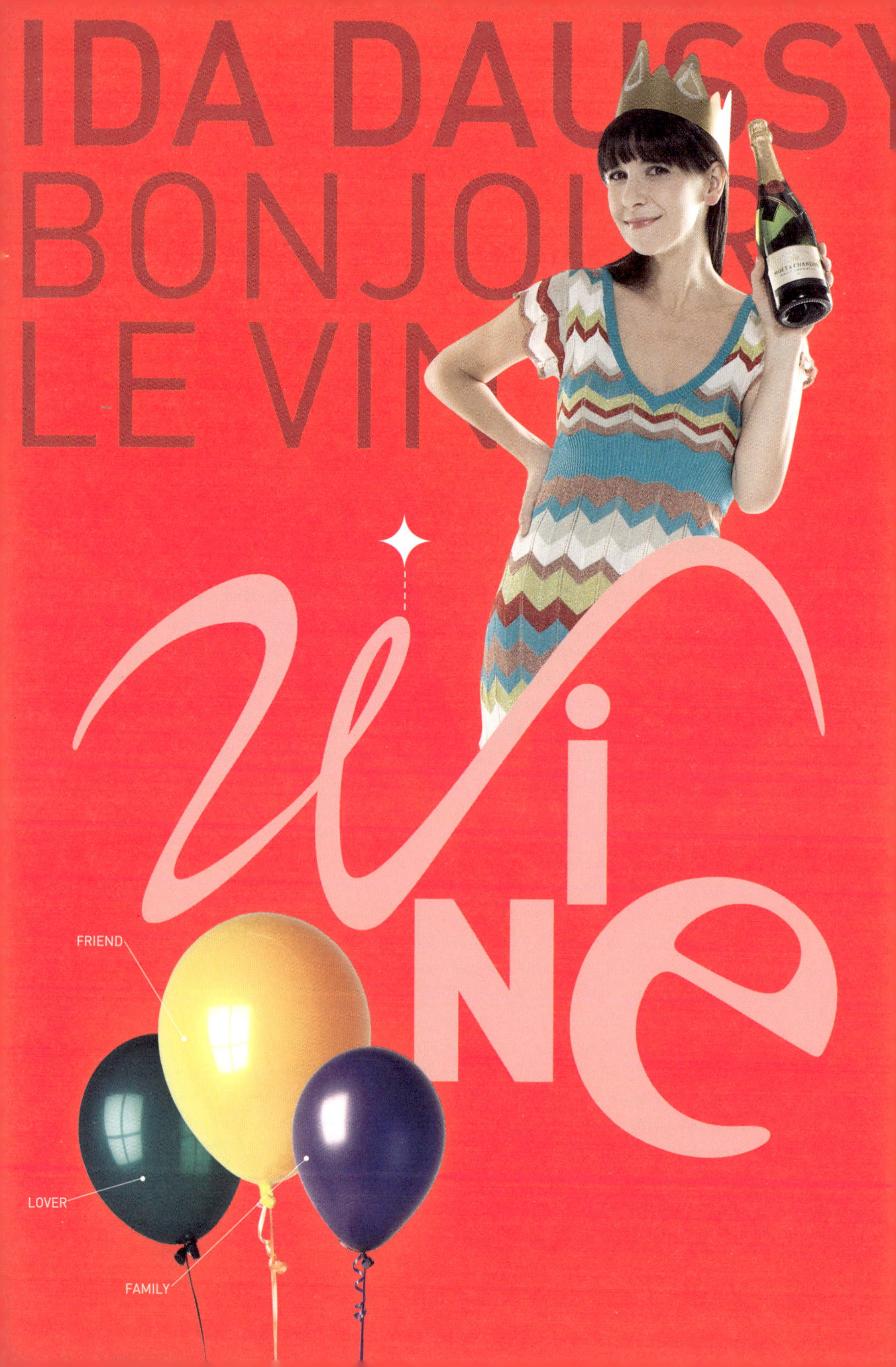
IDA DAUSS
BONJO
LE VI
Wine
FRIEND
LOVER
FAMILY

STORY FIVE 와인은 나눔이다

좋은 친구들과 함께하는 와인

여성 와인, 남성 와인이 따로 있을까?

내 친구들과 함께 와인을 마실 때면 종종 이런 질문을 받는다. 여성을 위한 와인, 남성을 위한 와인이 따로 있는지? 한 가지 확실한 것은 이와 같은 사항은 와인 라벨에 적혀 있지 않다는 것이나. 이렇게 구분하는 경우가 있다면 이는 마케팅 목적을 위한 것일 뿐이다. 와인 취향은 와인에 대해 얼마나 아는지, 나라 혹은 지역의 와인 문화에 따라 달라지는 것이므로 남녀 구분은 의미가 없다. 다만 나의 한국 친구들의 취향을 살펴보면 아래와 같다.

여성이 선호하는 와인

- 레드 와인보다는 화이트 와인을 선호한다.
- 라이트하고 과일 향이 풍부하며 산도와 타닌이 강하지 않은, 적당히

스위트한 와인을 선호한다.

– 화이트 와인으로는 아로마가 강하고 맛은 부드러우면서도 살짝 스위트한 와인을 선호한다. 예를 들면 소비뇽 블랑, 샤르도네, 피노 그리, 게부르츠트라미너, 슈냉 블랑, 비오니에 품종의 와인, 이태리 소아베, 리큐어 와인, 아이스 와인, 만생종 와인 등이다.

– 레드 와인이라면 입 안에서 부드럽게 균형이 잡히고 벨벳 느낌이 나며, 과일 향이 풍부한 와인을 선호한다. 단 지나치게 타닌이 강하지 않아야 한다. 대체로 여성들은 입 안에서 떫거나 쓴맛이 강한 걸 싫어한다. 예를 들면 메를로, 호주산 쉬라즈 품종, 신세계의 잘 익은 포도로 담근 풍부한 느낌의 레드 와인 등이다.

– 과일 향이 풍부한 로제 와인을 선호한다. 화이트 진판델, 이태리산 스파클링 로제 와인이 그 예다.

– 라벨도 중요하다. 많은 여성들이 잘 모를 때에는 특이하면서 멋진 황금빛이나 색이 화려한 라벨이 붙은 와인을 고른다고 고백하곤 한다.

– 모두들 샴페인과 스파클링 와인을 좋아한다!

남성이 선호하는 와인

– 화이트 와인보다는 레드 와인을 선호한다.

– 레드 와인이라면 복합적이면서도 우아하고, 타닌이 어느 정도 느껴지는 고상한 레드 와인을 좋아한다. 예를 들면 카베르네 소비뇽, 피노 누아, 말벡, 시라, 무르베드르, 이태리산 네비올로, 산지오베제 품종의 레드 와인 등이다. 남성들은 유명한 레드 와인의 우드 향, 머스크 향, 동

물성 향에 특히 약하다.

– 화이트 와인이라면 아로마가 적당하면서, 광물성의 느낌을 주는 풍부
하면서도 고상한 화이트 와인을 선호한다. 즉, 리즐링 품종의 와인이나
프랑스 상세르, 푸이퓌메, 푸이퓌세, 보르도 그라브 화이트 와인들이다.
– 전통적인 라벨을 좋아하고, 현대적인 라벨이라면 심플하면서 미니멀
한 라벨을 선택하는 경향이 있다.
– 남성들도 샴페인을 좋아한다.

위 내용은 개인적인 조사를 바탕으로 했으므로 절대적일 수는 없다.
내 경우를 봐도 그렇다. 나는 여성이지만, 앞서 말했듯 우아하면서도
타닌이 있는 복합적인 레드 와인을 좋아한다. 반면 와인 초보자인 남편
은 리큐어 분위기가 나는 차가운 스위트 화이트 와인이나 아이스 와인
을 더 좋아하는 편이다. 그렇기는 하지만 와인에 이제 관심을 갖기 시
작한 여성 혹은 남성 친구들을 위해 위 와인들을 추천한다면 대개 좋은
반응을 얻을 것이다.

식당에서의 모임
식당에서 여러 친구들이 함께하는 경우, 각자 취향이 다르기 때문에 한
와인으로 타협하는 것이 쉽지 않다. 이런 경우 메뉴에 맞는 와인을 선
택하거나 요리에 따라 와인을 계속 바꿔주는 것도 하나의 방법이다. 앞
에서 소개한 음식과 와인의 조화를 익혔다면 이제 웬만한 메뉴에는 걱

정없이 와인을 고를 수 있다. 거기에 소믈리에의 도움을 받을 수 있다면 더욱 좋다.

하지만 문제는 요즘 한국에서 뜨는 식당에서는 퓨전 요리를 선보인다는 것이다. 아시안 퓨전, 프렌치 아시안, 유로피언 아시안 음식 등을 표방하는 식당에서는 극과 극으로 다른 맛의 요리들이 줄줄이 나오기 마련이다. 어울리는 와인이 뭔지도 모르겠고, 와인 때문에 고민하기 싫을 때, 이럴 때 한국인 친구들은 어떻게 하는지 살펴보니 대체로 스트레스 받지 않고 대충 아는 와인을 고르는 등 아무거나 선택하는 경우가 일반적이었다. 음식과 와인의 궁합은 무시한 채 친구들과 편안하게 마시는 것이다. 뭐, 그저 즐기기 위해서라면 그러지 못할 것도 없다.

최근에 압구정동의 작은 식당에서 한국인 친구들과 모여 한 친구의 생일 파티를 벌인 적이 있었다. 우리 모임의 유일한 청일점이었던 남자가 고른 와인은 골격이 잘 잡힌 칠레산 카베르네 소비뇽 품종으로 만든 와인이었다. 와인 자체는 나쁠 것 없는 선택이었다. 그러나 우리가 시킨 음식은 발사믹 소스 모차렐라 샐러드, 매콤한 소스를 얹은 생선 튀김, 건과일 치킨, 새콤달콤 소스의 쇠고기 튀김과 커다란 초콜릿 케이크였다. 케이크를 빼고는 음식이 전부 시고 짜고 매웠기 때문에 와인과 어울리는 것은 하나도 없었다. 타닌이 강한 레드 와인과는 피해야 할 음식만 있었기 때문이다.

예상대로 와인을 한 모금 곁들일 때마다 쓴맛과 떫은 맛 때문에 얼굴을 찌푸리지 않을 수 없었다. 음식과 와인의 궁합은 전혀 맞지 않았지만, 누구 하나 불평하지 않았고, 모두들 기분 좋게 마시고 즐기는 것 같았다. 나는 왜 그 와인을 골랐는지 어리둥절했지만 분위기를 망치고 싶지 않아 가만히 있었다. 어울리는 와인을 골랐다면 음식 맛이 한층 더 좋아졌을 텐데, 라고 속으로만 아쉬워하면서……. 할 수 없이 나는 식사 중에는 물만 마셨고, 음식이 나오는 사이 사이에만 와인을 한 모금씩 맛보았다. 다들 와인에 대해서는 한마디도 하지 않은 채 즐겁게 시간을 보냈다. 어차피 와인은 '자유'임을 잊어서는 안 된다. 모두를 위한 자유인 것이다.

식사 모임에서 와인과 음식 궁합에 별로 관심이 없는 사람들한테 와인에 대해 강요하거나 조언하는 게 힘들다. 자기 집으로 사람들을 초대하거나 자신이 계산을 하면 와인을 추천하기가 훨씬 더 수월해질 것이다. 하지만 내가 손님 중 한 명으로 초대받아서 간 자리라면, 설령 와인이 음식과 안 어울린다고 해도 괜히 그런 얘기를 할 필요는 없다. 오히려 분위기를 망치거나 지나치게 깐깐한 사람이 되어버릴 수 있다. 요리가 나오는 중간 중간에 물로 입을 헹구고 와인을 조금씩 맛보면 된다. 그런다고 큰일 나는 것도 아니니까…….

그러면 와인은 '자유'라는 것을 늘 명심하며 새로운 음식 궁합들을 찾아보자. 육류와 해산물 요리에 어울리는 와인에 대해서는 앞에서 살펴봤으므로 이제 그밖의 요리들과 어울리는 와인들을 소개하겠다.

파스타 소스 재료에 따라 라이트한 화이트 와인이나 로제, 레드 와인을 선택하면 된다.

쇠고기 토마토 소스를 얹은 파스타라면 단연 레드 와인이 어울린다. 프랑스의 보졸레, 코트드보르도^{Côte-de-Bordeaux} 와인, 이태리 키안티, 발포리첼라 와인, 품종으로 고른다면 피노 누아 품종의 와인을 추천한다. 단, 토마토 소스에는 타닌이 지나치게 강한 와인은 어울리지 않는다.

해산물 토마토 소스라면 레드 와인으로는 프랑스의 코트뒤론, 타벨, 이태리 키안티 와인, 품종으로는 진판델이 잘 맞는다. 화이트 와인으로는 프랑스의 샤블리 와인, 상세르의 소비뇽 블랑 품종의 와인이 좋다.

베이컨 크림 소스 파스타(카르보나라)에는 레드 와인으로 메를로 품종의 와인과 코트드보르도 와인, 화이트 와인으로는 이태리의 베르멘티노 품종이나 샤르도네 품종의 와인이 잘 어울린다.

해산물 크림 소스 파스타라면 레드 와인으로는 프랑스의 타벨, 코트뒤론, 이태리 키안티 와인, 화이트 와인으로는 프랑스의 샤블리 와인, 상세르의 소비뇽 블랑 품종의 와인이 좋다.

올리브 오일 파스타에는 이태리의 키안티, 프랑스의 프로방스 로제 와인이 잘 어울린다.

피자 프랑스 코트덱스와 코트뒤뤼베롱^{Côtes-du-Lubéron}의 레드 혹은 로제 와인, 이태리 키안티, 발포리첼라 와인 등 라이트하거나 약간 보디감이 있고 과일 향이 풍부한 모든 레드 와인이 잘 어울린다. 이때 역시 시원한 느낌이 가장 중요하다. 또한 너무 비싸지 않은 와인을 선택하는 것도 중요하다. 메를로 품종, 호주산 혹은 칠레산 쉬라즈 품종 정도면 괜찮다.

베이컨 크림 소스 파스타 & 보르도 생테밀리옹 와인

리조토 이태리산 피노 그리 품종, 비앙코 디 쿠스토자^{Bianco di Custoza}, 트레비아노 다브루지오^{Trebbiano d' Abruzzio} 와인 등 과일 향이 풍부한 드라이 화이트 와인이 잘 어울린다. 키안티 같은 이태리 레드 와인, 스페인 리오하 레드 와인도 좋다.

롤과 김밥 가끔 새콤하고 매콤한 소스를 사용하기 때문에 레드 와인은 피하는 것이 좋다. 화이트 와인으로 소비뇽 블랑, 샤르도네 품종의 와인, 프랑스 부르고뉴의 뫼르소, 보르도 그라브 화이트 와인이면 잘 맞는다.

인도 요리 향신료가 많이 들어가므로 부드럽고 아로마가 풍부한 와인이 적합하다. 프랑스 코트뒤론 화이트 와인이나 피노 그리, 게부르츠트라미너 품종 와인이 잘 어울리고, 달콤한 와인도 좋다.

집에서의 모임

한국인들은 집들이를 제외하고는 집으로 사람을 초대하는 일이 드물다. 그래서 갑작스레 집으로 손님을 초대한다고 하면 안주인은 당혹스러워하게 마련이다. 지금부터는 와인을 곁들여 간단하게 집에서 식사할 수 있는 팁을 몇 가지 소개해보도록 하겠다. 요리 때문에 고민하지 않고 친한 친구들끼리 멋진 시간을 보낼 수 있다.

각자 음식을 갖고 오는 뷔페식 집에서 직접 요리한 음식이나 사온 음식을 하나씩 갖고 오는 것이다. 이 때 갖고 오는 음식과 어울리는 와인을 한 병씩 갖고 온다. 커다란 테이블에 모두 올려 놓고 먹기만 하면 되는 것이다. 물론 와인도 모두 개봉해놓는다. 친구 사이니까 격식 차리지 말고 편안하게 다양한 와인과 음식을 곁들여본다. 생각지도 못한 조합을 맛볼 기회다. 이럴 때 메모를 해두면 좋다.

테마 파티 친구들을 집으로 부른다면, 간단한 음식을 먹더라도 재미있게 시간을 보내면 된다. 특정 품종이나 국가, 색깔을 골라서 테마가 있는 와인 파티를 열 수도 있다.

피자 파티 피자는 정통 이태리 식당에서 주문한다. 새롭고도 다양한 이태리 와인들을 준비한다.

보졸레 파티 11월 중순쯤 전 세계적으로 등장하는 '햇와인' 보졸레 누보. 바나나 아로마가 풍부하여 누구나 쉽게 마실 수 있는 와인이다. 보졸레 누보는 라벨도 화려한 경우가 많아서 파티 분위기를 돋워준다.

샤르도네 와인 파티 전 세계의 샤르도네 품종 와인을 준비한다. 원산지별로 샤르도네의 특성을 맛보는 좋은 기회다.

핑크와 로제 와인 파티 모두 핑크빛 옷을 입고 자신이 선택한 로제 와인

뱀파이어 와인

을 한 병씩 갖고 온다. 새로운 와인을 발견하면서 즐거운 시간을 보낼 수 있다.

할로윈 파티　모두 할로윈 의상을 입고, 붉은 빛깔 음식을 갖고 온다. 집에서 만들거나 사오거나 상관 없다. 여기에 뱀파이어Vampire(수입사: 광원무역)라는 루마니아 와인을 곁들인다.

시음 파티　좋은 와인을 발견하는 게 목적이다. 시음한 와인에 대해서 전문가처럼 어려운 용어를 사용하며 말할 필요는 없다. 핵심은 그 와인이 좋으냐 싫으냐다.

와인은 테마를 정해 고르면 좋다. 로제 와인만 혹은 화이트 와인만을 준비한다. 아니면 호주산 와인이나 질레산 와인만으로 구비하는 수도 있다. 물론 예산이 허락한다면 그랑 크뤼로만 준비할 수도 있겠다!

손님 수에 맞게 잔을 준비하고, 입 안과 잔을 헹굴 수 있는 물도 준비한다. 또 시음 후 와인을 뱉을 수 있는 깊고 깨끗한 스핏 버킷을 준비한다. 어차피 맛이란 코와 입에서 결정되는 것이기 때문에 굳이 삼키지 않아도 된다. 마음에 드는 병에 붙일 수 있는 작은 스티커도 준비하면 좋다. 저녁 내내 이야기를 나누고 시음해 보면서 마음에 드는 와인 병에 스티커를 붙여본다. 헤어지기 전 친구들과 가장 인기가 많은 와인은 어떤 것이며 이유는 무엇인지 이야기해보도록 한다. 자유롭고 편안하게 설명하면 된다. 가장 마음에 들었던 와인을 공동구매할 수도 있을 것이다. 와인을 통해 일상 속 즐거움들을 흠뻑 느끼는 시간이 될 것이다.

이때 될 수 있으면 자신이나 손님들이 평소에 자주 접하지 않았을 것 같은 약간 생소한 느낌이 드는 와인으로 골라본다. 그리고 곁들이는 안주로는 간단하게, 맛이 강하지 않은 크래커나 치즈 정도를 준비하면 충분하다.

온 가족이 모이는 즐거운 날

프랑스에서는 주말을 가족과 보내는 게 전통이다. 많은 프랑스인들이 일요일에는 온 가족이 모여서 식사를 한다. 나 역시 어렸을 때는 토요일이나 일요일이 되면, 혼자 살고 계시던 친할머니 댁을 방문하곤 했다. 나중에 청소년기에는 친할머니 댁 근처인 노르망디로 이사를 갔기 때문에 할머니가 일요일 점심 때 늘 집에 오시곤 했다. 외조부모님도 같은 도시에 사셨기 때문에 가족끼리 종종 찾아 뵙곤 했었다.

이때 식사는 주로 속을 채운 닭 요리나 강낭콩을 곁들인 양 넓적다리 구이였다. 물론 돼지고기 오븐 구이 또한 빼놓을 수 없는 단골 메뉴다. 언제나 채소를 곁들인 고기 요리를 주 메뉴로, 전채 요리, 샐러드, 치즈와 디저트까지 다섯 가지 코스의 식사를 했다. 1시쯤 점심을 먹기 시작하면 3시쯤이나 되어야 식사를 마쳤고, 그 후에는 숲이나 바닷가로 산책을 나갔다. 이렇게 보니 프랑스에도 '효'라는 개념이 있다는 것을 새삼 느낀다.

멀리 떨어져 살아 자주 만나지 못하는 경우에는 크리스마스나 설날, 결혼식이나 장례식 등 특별한 날에나 보게 된다. 오랜만에 만난 가족들은 서로 담소를 나누며 다함께 음식을 먹는다. 한국과 마찬가지로 어디에서든 음식과 와인은 서로를 모이게 하는 것 같다. 이런 가족 모임에서는 남녀를 불문하고 다양한 연령에 다양한 계층의 사람들이 모인다는 점을 감안해야 한다. 그렇다면 모두의 입맛에 맞는 와인은 무엇일까? 쉽지는 않지만 대략적인 큰 기준은 있다. 편안한 분위기에서 모두의 마음에 들 수 있는, 타닌이 강하지 않으면서 알코올 도수가 너무 높지 않은 무난한 와인을 고르는 편이 안전하다.

한국에서는 아페리티프는 건너뛰어도 되니까 주 메뉴에 어울리는 와인을 바로 골라보자.

한국식 요리

갈비 혹은 불고기 레드 와인의 경우 타닌이 너무 강하지만 않다면 대부분은 마음에 들어할 것이다. 프랑스의 코르비에르, 샤토뇌프뒤파프, 코트로티, 코트뒤론빌라주 등의 코트뒤론 지역 와인들, 이태리의 키안티 클라시코 혹은 루파나 와인이 어울린다. 화이트 와인을 원한다면, 고기 양념이 달착지근하면서도 짭조름하므로 아로마가 풍부하면서도 갈증을 해소해주는 시원한 와인으로 고른다. 소비뇽 블랑, 샤르도네, 슈냉 블랑 품종이 주로 들어간 화이트 와인이면 좋다.

갈비찜 프랑스 부르고뉴산이나 미국 오리건산 피노 누아 품종의 와인이 잘 어울린다.

제주 멧돼지 구이 사냥 고기이므로 레드 와인이 적당하다. 향신료 향이 나되 모든 사람들의 입맛에 맞게 라이트한 것이 좋다. 예를 들면 프랑스 샤토뇌프뒤파프, 코르비에르 와인이 적당하며, 좀 더 골격이 있는 와인으로 아르헨티나산 말벡 품종 혹은 메를로 품종의 와인도 괜찮다.

삼겹살 레드 와인으로는 프랑스의 코트뒤론, 크로즈 에르미타주, 루아르, 보졸레 빌라주 와인 등이 잘 어울리고 알코올 도수가 높은 호주산 로제 와인도 좋다. 달콤하면서도 아로마가 풍부한 화이트 와인은 여성들의 마음에 들 것이다. 포도 품종으로는 피노 그리 혹은 소비뇽 블랑 품종의 와인이면 잘 맞는다.

백숙 혹은 삼계탕 펄펄 끓는 요리이므로 와인 고를 때 주의해야 한다. 특히 삼계탕의 경우 국물이 뜨겁기 때문에 앞에서 언급했듯이 와인과 어울리기가 힘들다. 닭고기, 찹쌀, 인삼과 각종 견과류만 고려한다면 프랑스 보졸레 레드 와인, 화이트 와인으로는 마콩 블랑, 푸이퓌세, 코트드본의 코르통 샤를마뉴^{Corton Charlemagne}, 뫼르소, 몽트라셰, 그 외에도 뉴질랜드산 샤르도네 품종 와인, 좀 더 부드럽고 달콤한 헝가리 토카이 와인을 추천한다.

유황 오리 닭고기에 비해 오리 고기는 더 붉고 기름지다. 유황 오리는 인삼과 건과일을 빼면 프랑스의 '카나르 콩피^{Canard confit}' 라는 오리 고기 졸임과 흡사하다. 오리 고기는 레드 와인과 잘 어울리는데, 맛과 향이 풍부하고 강직한 남성들이 선호하는 와인으로는 방돌, 샤토뇌프뒤파프, 마디랑, 카오르 와인 등이 좋다. 또한 여성들을 위한 영한 와인을 꼽자면 바뉠, 모리, 리브잘트 등 달콤한 와인들이다. 그리고 모두의 마음에 들 만한 와인은 부드럽고 과일 향이 풍부한 메를로 품종의 와인들로 프랑스 보르도 지역의 라랑드 드 포므롤, 생테밀리옹 와인, 칠레, 호주산 메를로 품종 와인이다. 혹은 프랑스 부르고뉴 지역의 와인들도 괜찮다.

생선회 싱싱하고 담백한 생선회에는 역시 화이트 와인이 잘 어울린다. 프랑스 샤블리 프르미에 크뤼, 뫼르소, 보르도 그라브 화이트 와인, 호주 또는 뉴질랜드산 샤르도네 품종 와인이 좋다.

꽃게찜 프랑스 샤블리 와인이나 광물성이 더 강한 앙트르되메르, 뮈스카데 와인을 추천한다.

프랑스식 요리

가족 모임에 적당한 프랑스식 요리는 책 뒤쪽에 소개할 레시피(285쪽 '와인 무궁무진 활용하기' 편 참조)를 찾아보면 좋다. 여기서는 크리스마스와 같은 특별한 날에 먹는, 밤을 곁들여 속을 채운 칠면조 요리를 소개할까 한다. 한국인들에게는 생소한 요리라서 왠지 어려워 보이겠지만, 칠면조 요리는 생각하는 것보다 훨씬 간단하다.

칠면조 요리

(8~10인 기준) 3.5kg 정도의 칠면조 1마리, 버터, 소금, 후추

속 내용물 칠면조 간, 바게트 1/2개, 소시지 살 500g, 다진 양파 1개, 달걀 1개, 버터 30g, 타임, 월계수, 바질 등 다양한 허브, 건포도 100g, 포르토 와인 1잔

고명 말린 자두 24개, 베이컨 24장, 나무 꼬치 24개(8인 기준, 1인당 3개씩), 껍질을 벗겨서 씨를 제거한 사과 몇 개를 곁들여도 된다.

그 외 감자(프렌치 프라이), 버섯, 밤

1. 옴폭 패인 용기에 소시지 살, 양파, 칠면조 간을 다져 넣는다. 빵을 조각내고, 달걀, 녹인 버터, 향신료, 소금, 후추를 섞는다. 따뜻하게 데운 포르토 와인에 불린 건포도도 넣는다. 내용물을 잘 쉬어서 칠면조의 3/4 정도가 차도록 채운다. 꽉 채우면 내용물이 익으면서 불어나기 때문에 삐져나올 수 있다. 속이 남았다면 따로 그릇에 담아 익힌다.

2. 다리를 고정하거나 실로 꿰매어서 내용물이 안 빠지도록 한다.

3. 커다란 오븐용 그릇에 속을 채운 칠면조를 올려놓는다.

4. 껍질에 버터를 바르고 소금, 후추를 뿌린다. 원한다면 껍질 벗긴 사과를 주변에 올려놔도 된다.

5. 180도 오븐에 2시간 30분 정도 굽는다(속이 빈 칠면조 500g당 15분,

속을 채운 칠면조 500g당 20분 정도로 시간을 잡으면 된다).

6. 마지막 30분을 남겨놓고 베이컨을 둘둘 말아놓은 자두 꼬치를 칠면조에 꽂는다.

7. 감자, 버섯, 밤을 곁들여서 먹으면 된다.

주의할 점은 살이 연하게 하기 위해서는 센 불에 구워서는 안 된다는 것이다. 처음 1시간 30분 동안은 알루미늄 포일에 감싸서 굽는 것도 한 방법이다. 그런 다음 황금빛을 내기 위해 포일을 벗겨내면 된다. 1시간 정도 구운 후 흘러나온 즙을 다시 끼얹어주면 살이 더욱 연해진다.

Wine Match 풍성한 맛의 레드 와인이 좋다. 전통적인 조합으로는 프랑스 부르고뉴 와인이나 미국산 피노 누아 품종의 와인이 딱 맞는다. 더 골격이 있고 풍성한 느낌의 와인을 원한다면 프랑스의 샤토뇌프뒤파프, 에르미타주, 포므롤, 마디랑, 생테밀리옹 와인, 미국 혹은 칠레산 메를로 품종 와인이 좋다.

그 사람과 로맨틱하게 와인 한잔

와인이 있고, 사랑이 함께한다면 인생은 아름답기 그지없다. 특별한 날을 기념하고 싶을 때, 아니면 그저 둘이 오붓하게 있고 싶을 때 어울릴 만한 와인 몇 가지를 소개해본다.

둘만의 소박한 시간

새로운 계절이다, 날씨가 특별히 덥다, 특별히 춥다, 첫눈이 내린다, 첫 만남을 기념하거나 첫 키스를 기념한다, 아니면 그저 행복하기 때문에. 와인 한 병을 개봉할 수 있는 이유는 다양하다.

남편과 결혼한 지 14년이 지났다. 우리의 와인 생활을 돌아보니 특별한 날을 기념하기보다는 다음의 두 경우에 와인 병을 개봉하는 일이 더 많았다. 하나는 뭔가 해냈을 때, 모든 일이 잘되고 있어서 기분 좋고 편안한 기분을 만끽하고 싶을 때였다. 다른 하나는 반대로 일이 잘 안되고, 중요한 이야기를 나누거나 함께 이야기해서 뭔가 결정을 내려야 할 때. 어느 경우이든 먼저 와인 한잔을 하면 분위기도 좋아지는 게 조금 더 편안하게 시간을 보낼 수 있었다.

지금이야 어디서나 와인을 찾아볼 수 있지만, 우리의 결혼 초기만 해도 와인은 흔한 음료가 아니었다. 그래서 우리는 와인을 마시고 싶은 날이면 서울의 전경이 내려다 보이는 호텔의 라운지 바에 가곤 했다. 야경을 바라보며 와인 한잔을 앞에 놓고 고민거리를 털어놓거나 좋은 일을 기념하곤 했었다.

둘이 오붓하게 와인을 마실 때는, 무엇을 마시고 무엇을 먹으면 좋을까? 일단 둘 모두의 입맛에만 맞으면 된다. 지나치게 남성적이거나 지나치게 여성적인 와인은 피하는 것이 좋다(223쪽 '여성 와인, 남성 와인이 따로 있을까?'편 참조). 마시기 쉬운 와인을 고르면 양쪽을 만족시킬 수 있다 나는 와인을 폭넓게 좋아하는 편이시만 혼자만을 위해서 고른다면 프랑스 보르도의 메독 와인처럼 타닌이 강하고 우아하면서도 복합적인 맛의 레드 와인, 아니면 생테밀리옹이나 포므롤 와인처럼 강직하면서도 풍부한 맛의 레드 와인쪽으로 선택할 것이다. 반면 남편은 와인 초보자 쪽에 가깝기 때문에 골격이 잘 잡혀 있고 맛이 강직한 와인은 좋아하지 않는 편이다. 오히려 너무 무겁다고 느끼는 경향이 있다. 남편 취향에 맞는 것은 라이트하면서 향긋하고 약간은 달콤한 화이트 와인이다. 아니면 스파클링 와인이거나……. 레드 와인 중에서 고른다면 보졸레 와인처럼 갈증을 해소해주는 가볍고 향긋한 와인이 될 것이다.

혹은 피노 누아 품종으로 만든 와인도 입맛에 맞을 것이다. 그렇다면 남편과 나, 우리 둘 모두의 취향에 맞는 것은? 샴페인이나 스파클링 와인이 되겠다. 이 와인들은 어떤 종류의 안주와도 잘 맞기 때문에 편리하기 그지없다. 아니면 달콤한 와인도 좋다. 달콤한 와인은 제육이나 김치볶음과도 잘 어우러진다. 특히 남편이 너무나 좋아하는 조합이다.

안주를 고를 때에는 군이 치즈 모둠을 할 필요가 없다. 맛이 없어서가 아니라 한국인 입맛에 꼭 맞는 게 아니기 때문이다. 또한 과일 안주는 레드 와인의 맛을 떫게 만들기 때문에 이 또한 피해야 한다.

집에서 즐기는 와인 집에서 가족들과 와인을 한잔 하고 싶을 때에는 복잡하게 생각할 것 없다. 냉장고에 있던 음식 재료들을 활용하거나 즉석식품, 배달 요리 등을 이용하면 된다.

모둠전 고기, 생선, 채소, 두부 등으로 간편하게 만들 수 있는 전은 특별히 강한 맛이 없어서 다양한 와인과 어울릴 수 있다. 프랑스 알자스의 피노 블랑이나 피노 그리, 샤르도네 품종의 와인이나 보졸레 와인 같은 가벼운 레드 와인, 혹은 피노 누아 품종 와인, 메를로 품종으로 만든 보르도 와인처럼 과일 향이 나는 풍부한 맛의 레드 와인 혹은 프랑스 코트뒤론, 코트드프로방스 와인, 이태리 키안티 와인 등을 추천한다.

군만두 냉동식품이기 때문에 건강에 그리 좋지는 않겠지만 마땅히 안주가 없을 때 참 편리하다. 더군다나 우리 부부는 둘 다 일하기 때문에 간편하게 안주를 해결할 수 있어서 좋다. 모둠전에 어울리는 와인이라면 군만두와도 잘 어울린다. 김치 만두라면 맛이 더 강하긴 하지만 그렇게 맵지는 않기 때문에 알자스의 토카이나 게부르츠트라미너 품종으로 만든 와인 혹은 아로마가 매우 풍부한 드라이 화이트 와인도 괜찮다.

　　삼겹살　화이트 와인은 가볍고 목을 축이는 와인으로 고른다. 프랑스의 앙주, 마콩 빌라주 와인, 알자스산 피노 블랑 품종의 와인, 소비뇽 블랑, 실바너, 샤르도네 품종의 와인, 그리고 포르투갈의 비노 베르데 와인도 좋다. 레드 와인은 과일 향의 가벼운 와인으로 고르는 게 좋은데, 프랑스의 보졸레 와인이나 피노 누아 품종의 와인, 이태리산 발포 리첼라 와인이 좋겠다. 프랑스의 방돌, 코트뒤론 로제 와인, 보르도의 클레레 등 알코올 도수가 제법 높으면서 골격이 잡힌 로제 와인도 훌륭하게 어울린다.

　　영국식 모둠 안주　생햄, 훈제 햄, 고기 페이스트(돼지고기, 향료, 동물성 기름으로 만드는 유럽식 요리), 소시지 등을 한 접시에 담으면 그럴듯한 영국식 와인 안주가 된다. 어울리는 레드 와인으로는 프랑스 코트뒤론, 보졸레 와인, 스페인의 리오하 와인, 이태리 키안티 와인 등이 잘 어울린다. 포도 품종으로는 메를로 품종, 이태리의 바르베라 품종 와인이 좋다. 화이트 와인은 독일산 만생종 리즐링, 과일 향이 풍부한 샤르도네 품종 와인도 훌륭하게 어울린다.

구이나 꼬치 실내용 그릴로 조리하면 간편하다. 타닌이 강하면서 우아하고도 고상한 복합적인 레드 와인과 잘 맞는다. 프랑스 코트뒤론 와인, 카베르네 소비뇽 품종의 레드 와인, 스파클링 와인도 제법 잘 어울린다.

생선회 생선회는 주로 슈퍼마켓에서 사거나 남편이 노량진 수산시장에서 사온다. 해삼이나 멍게는 집에서 남편이 직접 자른다. 생선회에는 화이트 와인이 잘 어울린다. 프랑스 샤블리 프르미에 크뤼, 뫼르소, 보르도의 그라브, 앙트르되메르 와인, 품종으로는 소비뇽 블랑, 알자스나 독일의 리즐링, 샤르도네 품종이 잘 어울린다.

집에서 만드는 즉석 마키 마키는 셀프 서비스 샐러드와 비슷하다고 생각하면 된다. 커다란 접시에 다양한 생채소를 길이로 길게 썰어놓고, 맛살, 생선 알, 햄, 계란 지단을 준비한다. 김은 10센티 정도의 정사각으로 잘라놓는다. 먹는 사람이 직접 마키를 싸서 미리 준비해놓은 각종 소스에 찍어 먹으면 되니까 무척 간단하다. 이때 지나치게 시큼한 소스를 준비하면 와인과 어울리지 않으니 주의해야 한다.
드라이 화이트 와인으로 부르고뉴 알리고테, 샤르도네, 소비뇽 블랑 품종의 와인이 잘 어울린다. 가메 품종으로 만든 라이트한 레드 와인이나 메를로 품종의 레드 와인도 좋다.

피자 집에서 직접 만들거나, 가능하다면 도우가 얇은 피자를 파는 이태리 식당에서 주문한다. 프랑스 코트렉스와 코트뒤뤼베롱의 레드 와

루콜라 피자 & 프랑스 코트뒤론의 타벨 로제 와인

인이나 로제 와인, 이태리 키안티, 발포리첼라 와인 등 라이트한 와인들과 과일 향이 풍부하고 다즙질인 레드 와인이 어울린다. 이때 역시 와인을 시원하게 마시는 게 중요하다.

튀김류 집에서 만들거나, 만들어진 것을 사서 오븐에 데운다. 튀김 요리에는 시원하고 갈증을 해소하는 화이트 와인이 잘 맞는다. 샤르도네, 실바너 품종의 와인, 프랑스의 샤블리, 그라브 화이트 와인, 앙트르되메르, 뮈스카데 와인, 포르투갈의 비노 베르데, 이태리 프리울리Friuli의 피노 그리지오Pinot Grigio 품종의 와인, 이태리 프라스카티 수페리오레를 추천한다. 프랑스의 코트드프로방스, 코트뒤뤼베롱, 루아르 지역의 시원하고 과일 향이 풍부한 생동감 있는 로제 와인도 좋다.

프라이드 치킨 기름기가 많아서 선호하는 안주는 아니지만 한국인 친구들 중에는 좋아하는 이들이 상당히 많다. 그리고 특별한 안주를 준비하기 힘들 때는 전화 한 통으로 따끈한 닭 요리를 주문할 수 있으니 너무나 간편하다.

시원한 화이트 와인으로 샤르도네, 실바너, 소비뇽 블랑, 피노 그리 품종의 와인, 프랑스 보르도의 그라브, 앙트르되메르 화이트 와인을 추천한다. 레드 와인의 경우도 가벼운 와인으로 고르는 게 좋다. 피노 누아, 가메 품종의 와인이나 메를로 품종이 주로 들어간, 단순한 보르도 와인같이 과일 향이 풍부하고 다즙질인 레드 와인, 그 외에 프랑스 코트뒤론, 코트드프로방스 와인, 이태리 키안티 와인 등이 좋다.

와인 바에서 즐기는 와인　한국에서 와인 바 문화는 오래되지 않았다. 특히 최근에는 재즈 바, 아이스 바, 전통 바, 문학 바 등 테마 바가 유행이다. 이렇게 바 분위기는 다양하다고 하더라도 와인과 안주는 거의 비슷하다. 앞에서 다양한 음식과 와인을 조화시켜봤으므로, 여기에서는 와인과 맞는 안주를 고를 때 주의해야 할 사항만 짚어보기로 한다.

　　새콤한 샐러드　와인 바에 갈 때는 아마도 저녁을 먹고 가는 경우가 많을 것이다. 배가 부르니 간단한 안주를 선택한다고 샐러드를 골랐는데 소스가 너무 시큼하면 맞는 와인을 찾기 힘들다. 앞서 봤듯이 신맛은 와인을 느끼지 못하게 한다. 누가 와인을 신들의 음료라고 했던가 하는 생각이 들 정도로 와인의 맛이 변질되어버린다. 와인 가격을 생각하면 안타까운 일이 아닐 수 없다. 이런 경우 소스를 뺀 마키를 선택하거나, 소스가 약한 치즈 샐러드를 선택하는 것이 좋다. 아니면 모든 와인 바에서 주문할 수 있는 치즈 플레터를 고르는 것도 괜찮다.

　　너무 매운 요리　와인 바에서 흔히 소개하는 다양한 퓨전 요리의 매콤한 맛을 한국인들은 무척 좋아한다. 신맛의 소스를 사용한 요리에는 어떠한 와인도 어울리지 않지만, 매콤한 양념이라면 아로마가 풍부하고 갈증을 해소해주는 화이트 와인을 선택하면 된다. 피노 그리, 소비뇽 블랑, 리즐링, 게부르츠트라미너 품종의 와인들이 되겠다. 볶은 김치나 김치찜이 들어간 음식에는 아로마가 더욱 풍부하고 아주 달콤한 화이트 와인을 곁들이는 게 좋다. 소테른, 몽바지약 와인이나, 만생종 피노 그리 품종 등이 대표적인 예다. 레드 와인은 시도하지 않는 게 좋다. 실망할 게 뻔하니까.

과일 안주　과일은 드라이한 와인의 맛을 더욱 떫게 만드는 경향이 있다. 레드 와인의 경우 떫은 맛이 더욱 강해지고, 화이트 와인의 경우에는 공격적인 느낌이 세진다.

과일 안주에는 과일 향이 풍부하고 달콤하면서 알코올 도수가 높은 풍부한 맛의 와인이 어울린다. 포르토 와인, 뱅 두 나뷔렐, 리브잘트가 대표적인 예다. 아니면 달콤하면서 아로마가 풍부한 화이트를 골라도 괜찮다. 피노 그리, 뮈스카, 슈냉 블랑 품종으로 만든 화이트 와인이면 좋다. 다만 단맛의 안주에 단맛의 와인을 고르면 속이 거북할 수 있는 데다가 칼로리도 높으니 주의해야 한다.

둘만의 생일 파티

둘만의 식사 시간이야말로 좋은 와인 한 병을 마시기에 가장 적당하다. 게다가 생일처럼 특별한 날이라면 로맨스의 동반자인 와인이 제역할을 다할 수 있는 시간일 것이다. 많은 친구들이 모이는 자리에서는 모두가 좋아할 만한 무난한 와인이면서도 부담없는 가격의 와인을 골랐다면, 둘만의 식사에는 다소 비싼 와인을 골라보자. 이 소중한 시간을 더 훌륭하게 만들 신들의 음료를 선택할 절호의 기회인 것이다. 그 정도는 충분히 가치가 있는 투자다.

외식을 한다면 카브 시설이 있는 레스토랑이라면 걱정할 필요가 없다. 소믈리에가 추천하는 와인 중 골라서 음미하기만 하면 되니까. 그러나 와인 저장고가 없는 레스토랑에 좋아하는 와인을 직접 가지고 갔다면 '코르크 차지cork charge'를 부담해야 한다. 손님이 집에서 가져온 와인을 마실 수 있도록 허락하고 서빙해주는 대가로 식당이 받는 일종의 세금이다. 한국에서는 영국식 표현을 따서 'Bring Your Own' 혹은 BYO라고 부른다. 병을 개봉해주고, 와인 잔을 제공해주는 데 따르는 비용을 지불한다고 생각하면 된다. 프랑스에서는 종종 있는 일이다. 나의 경우 프랑스 포도 재배업자들과 이들이 만든 와인을 마실 때 그렇게 해본 적이 있다. 대체로 코르크 차지는 5천~1만 5천 원 선이다. 와인을 많이 소장하고 있는 식당에서는 외부 와인을 거절하는 경우도 있다.

　식사 후 집에 와서는 샴페인으로 마무리하는 것이 좋다. 샴페인이 빠지면 연인끼리의 분위기가 나지 않는다. 식당에서 아페리티프로 칵테일 대신 샴페인을 주문해도 괜찮다. 다이어트에도 더 좋다! 그리고 이와 같은 스파클링 와인은 어떤 음식과도 잘 어울리기 때문에 음식 궁합에 신경 쓸 필요가 없어서 일석이조다.

집에서 둘만의 시간을 가진다면 프랑스에서는 촛불을 켜놓고 집에서 둘만의 로맨틱한 시간을 갖는 경우가 흔하다. 서로 사랑한다면, 그리고 서로 나눌 얘기가 무궁무진하다면 얼마든지 가능하다. 그야말로 뜨거운 밤을 보낼 수 있는데 더 이상의 설명이 필요 없을 것이다.

음식을 배달시키거나 직접 요리해도 된다. 이때는 양보다는 질을 겨냥해야 한다. 직접 음식을 한다고 하루 종일 부엌에서 종종대며 시간을 보낼 필요는 없다. 우아하고 맛있는 음식은 좋지만 지나치게 풍성한 식탁 역시 필요 없다. 배 터지게 먹고 소화 시키느라 잠들어버리는 것은 사양이니까. 이 저녁의 주인공은 여러분이고, 또 사랑이다. 배불리 먹는 게 목적이 아니니 최고급 진미를 차릴 기회다. 와인 역시 최상급으로 고르자! 그랑 크뤼나 유명한 브랜드의 와인을 음식에 맞춰 선택한다. 이때 역시 샴페인을 골라도 된다. 우아한 식사 시간을 위한 몇 가지 아이디어를 나눠본다.

생선 초밥 프랑스 샤블리 그랑 크뤼, 뫼르소, 보르도 그라브 화이트 와인이나 뉴질랜드산 샤르도네 품종 와인이 잘 맞는다.

석화, 해삼, 멍게 등 살아 있는 해산물 샤블리, 앙트르되메르 지역 와인, 프랑스 알자스 혹은 독일산 리즐링 품종의 와인이 잘 맞는다.

훈제 연어 샴페인 블랑 드 블랑, 알자스 혹은 독일산 리즐링 품종의 와인이나 프랑스 상세르 지역 와인이 좋다.

바닷가재 구이 프랑스 론 지방의 에르미타주 화이트 와인, 보르도 페삭 레오냥의 화이트 와인, 부르고뉴의 뫼르소, 알자스나 독일산 리즐링 품종의 와인, 이태리 베르디키오 품종 와인을 추천한다.

매콤한 소스에 졸인 미국식 가재 요리 프랑스 알자스산 피노 그리 품종의 와인, 쥐라산 뱅 존, 부브레의 세미 스위트 화이트 와인이 어울린다.

쇠고기 오븐 구이 골격이 잘 잡혀 있고 풍미가 강하면서 아로마가 풍부한 강직한 맛의 레드 와인과 어울린다. 프랑스 보르도의 마고, 포이약, 포므롤, 생테밀리옹 와인, 부르고뉴의 코트드뉘 와인, 미국, 호주, 칠레산 메를로 품종의 와인도 좋다.

스테이크, 등심 카베르네 소비뇽 품종이 주로 쓰인 레드 와인으로 영한 메독 와인이나 페이 독 와인이 잘 어울린다. 또한 영하면서 풍성한 맛의 레드 와인으로 샤토뇌프뒤파프, 코르나스Cornas, 지공다스Gigondas, 바케라스Vacquéras, 물랭아방Moulin-à-vent, 이태리 키안티 리제르바 와인, 캘리포니아산 진판델 품종, 호주산 쉬라즈 품종의 와인을 추천한다.

푸아그라 프랑스식 푸아그라는 맛이 강하고 상당히 기름지다. 이때에는 당도가 높은 와인이 어울린다. 남편은 이 조합을 아주 좋아한다. 다만 느끼하니 주의할 것!
소테른 와인 같은 리큐어 와인, 피노 그리, 게부르츠트라미너 품종의 와인, 혹은 바뉠, 포르토 같은 알코올 도수가 높고 달콤한 와인들이 잘 맞는다. 생 푸아그라이거나 프라이팬에 살짝 익힌 푸아그라라면 바뉠, 소테른 와인 혹은 마디랑이나 카오르 와인처럼 보디감이 있는 레드 와인이 좋다.

디저트 샴페인이라면 언제나 잘 어울린다. 초콜릿 디저트에는 달콤한 와인으로 바뉠, 모리, 포르토, 리브잘트 혹은 소테른 와인이 잘 어울린다. 샴페인도 좋다. 아이스크림은 너무 차가워서 와인을 곁들일 때 주의해야 하지만 드라이 샴페인이나 세미 스위트 샴페인, 샴페인 로제 등이 잘 맞는다. 타르트나 과일 케이크라면 샴페인이나 뮈스카 품종으로 만든 부드러운 와인, 이태리 모스카토 다스티 같은 와인이 좋다. 이 정도면 둘만의 소중한 시간이 멋지게 마무리되었을 것이다.

나 혼자만 즐기는 와인

혼자 마시는 와인이라……. 우아한 삶의 즐거움일까 아니면 감추어야 하는 수치스러운 시간일까?

미국 드라마 〈섹스 앤 더 시티Sex and the City〉를 보면 힘든 하루를 보낸 주인공 캐리가 집에 돌아와서 와인 한잔을 앞에 두고 숨을 돌리는 장면을 종종 보게 된다. 이것은 자연스러워 보이고 더 나아가서는 세련돼 보이기도 한다. 삶의 여유를 알고, 즐길 줄 아는 사람처럼 느껴지는 것이다.

하지만 이 장면에서 주인공이 와인 한 병을 꺼내서 병째 꿀꺽꿀꺽 들이킨다면 그 분위기는 완전히 깨지고 말 것이다. 한국에서도 영화에서나 드라마 속에서 혼자 술 마시는 주인공들은 꼭 걱정거리나 문제가 있는 경우가 많다. 대부분 모든 걸 잊기 위해 술을 마시다가 마지막에는 만신창이로 취하는 걸로 끝나는 경우가 많다. 또한 한국에서는 밤에는 술을 가까이 하는 반면 낮에 술을 마시는 일은 매우 드물다. 그러나 유럽에서는 낮에도 반주를 곁들이는 것이 자연스러운 일이다.

유럽에서는 당연시되는 일이 한국에서는 다르게 받아들여진다는 것을 새삼 일깨워준 적이 있었다.

나는 점심식사 때 가끔 식당에서 고른 요리에 따라 화이트나 레드, 로제 와인 중에서 하우스 와인 한 잔을 시키는 경우가 있다. 어느 날 주문한 닭고기 요리에 맞는 코르비에르 와인을 한 잔 시키는데, 그 모습을 보고서는 남편이 "뭐야, 이제 낮술도 하네" 하는 것이 아닌가! 그 말에 난 적잖이 당황했다. 그저 음식 맛을 더 좋게 하기 위해 어울리는 와인을 곁들이자는 생각이었을 뿐인데 말이다. 프랑스에서는 점심 때도 와인 반주는 아주 흔한 일이다. 물론 지금은 남편도 와인 문화를 이해하기에 알코올 중독자라는 오해를 받지 않고 자연스럽게 와인을 즐길 수가 있게 되었지만, 그때의 일은 무척 곤혹스러운 일이 아닐 수 없었다.

나는 적당히 즐겁게 와인을 마시기 위해서 이렇게 한다. 친구들과 점심 식사 시간에 기분 좋게 한잔하거나, 저녁 때 일에 지쳐 들어와서는 하루의 2부를 다시 시작하기에 앞서서 술을 한잔 하기도 한다. 아이들 식사를 준비하고, 숙제도 확인해주고, 씻기고, 잠자리에서 이야기도 들려주고 마침내 아이들을 재우고 나면 저녁 9시나 10시쯤 된다. 그때 새로운 나의 하루가 시작되는 것이다. 그제서야 컴퓨터 앞에 앉아서 홈페이지를 관리하고, 메일 몇 개를 보낼 수 있다. 또 이튿날 있는 라디오 방송을 준비하고, 책을 위해 글 쓰는 작업을 하면 새벽 1~2시를 넘기기 일쑤다. 그렇게 나만의 시간을 보낼 때 와인은 내게 달콤한 친구가 되어준다.

물론 매일 마시는 것은 아니다. 힘든 하루를 보낸 후 혹은 좋은 뉴스가 있을 때 한두 잔 마신다. 가끔은 와인 한 잔을 앞에 놓고 편안하게 아이들의 하루 이야기를 듣기도 한다. 저녁 준비하기 전에 아들들과 함께 치즈 조각 몇 개를 나눠 먹으며 와인을 한잔 하기도 한다.

나는 혼자 와인을 마실 때 다음의 세 가지 규칙을 지킨다. 첫째, 절대 매일 마시지 않는다. 둘째, 한두 잔을 넘기지 않는다. 마지막으로 속이 비었을 때나 식사와 식사 사이에는 마시지 않는다. 빈속에 술을 마시는 것은 위장에 좋지 않다. 알코올이 위벽을 상하게 하고, 알코올 분해 효소가 나오기도 전에 알코올이 체내에 흡수되어 간에 부담을 주게 된다. 결국 빈속에 알코올을 마시는 것은 우아한 삶의 방식과는 거리가 멀어지게 되는 것이다. 양을 정해놓지 않고 마셔도 문제다. 알코올 중독의 그림자가 멀지 않기 때문이다. 술은 항상 과음하지 말고 주의해서 마셔야 한다.

미니어처 와인의 발견

와인 한 병에서 대개 여섯 잔이 나온다. 혼자 마시기 위해서 병을 개봉하면 와인이 많이 남게 마련이다. 그럴 때 와인의 맛이 변질될 것을 우려해서 한 병을 비워버리고 싶은 유혹을 느끼기 쉬우니 조심해야 한다.

마리 프랑수아즈라는, 우리가 모두 '파파'라고 부르는 친구가 있는데, 이 친구는 혼자서 한 병을 열 때 생기는 고민들을 훌륭히 해결했다.

그녀는 샴페인을 무척 좋아하는데, 남편한테 샴페인 미니어처를 한 박스씩 사오도록 부탁하는 것이었다. 200ml짜리 작은 병이라면 혼자 마시거나 둘이서 한 잔씩 할 때 안성맞춤이기 때문이다. 한국에서도 5천 원대부터 스파클링 와인 미니어처를 구입할 수 있다. 스파클링 와인이든 스틸 와인이든, 저가에서부터 고급까지 미니 병을 찾아볼 수 있다. 혹은 375ml 반 병짜리 용량도 있다. 750ml 일반 병과 같은 맛을 저가에 즐길 수 있을 뿐더러 혼자 즐기기에는 딱이다. 또한 200ml 캔도 있다.

이런 미니어처 와인은 대형 할인매장에서 캔은 1만 원, 병은 5천 원 정도에 살 수 있으며, 일부 편의점에서도 구입할 수 있다. 대체로 영하고 라이트한 와인이 이런 방식으로 판매된다. 병마개가 돌려따는 형식의 금속 마개라서 순수주의자들은 기겁을 할 수도 있을 것이다. 코르크 마개로 막혀 있는 전통적인 와인 병과 같은 분위기는 나지 않겠지만, 간편하게 마신다면 무엇이 문제겠는가. 어차피 이와 같은 와인들은 몇 년간 보관하는 와인이 아니라 바로 쉽게 마시는 즐거움을 주기 위한 것들이니 까다롭게 생각할 필요가 없다.

이다도시는 무엇을 마실까?

내가 혼자 와인을 마실 때는 다음 세 경우 중 하나다. 첫 번째는 좋아하는 와인이어서 나에게 즐거움을 안겨주고 싶을 때다. 나는 소중하니까. 두 번째는 새로운 와인을 발견하고 평을 하기 위해서다. 예를 들어 매장에서 처음 사본 와인이거나 모르던 와인을 처음 선물받았을 때가 바로 그때다. 마지막 경우로는 그냥 와인을 한잔 마시고 싶은 날, 마침 최상급은 아니어도 괜찮은 와인이 한 병 있을 때다.

내가 좋아하는 와인 좋아하는 와인을 즐기는 시간이야말로 정말 행복한 시간이다. 다만 문제가 하나 있다면, 시간이 지나면 지날수록 더 비싼 와인을 좋아하게 된다는 것. 그래서 애석하게도 날마다 마실 수는 없다. 하기야 매일 마실 수 있다면 그 달콤한 맛을 못 느끼지 않을까?

지금부터는 내가 너무나 좋아하는, 특별한 일이 있을 때 마시는 와인들을 소개해본다.

샴페인 혼자 있을 때 샴페인을 마신다면 꼭 미니 병을 고른다. 주로 뵈브 클리코 브륏 혹은 로제를 마신다. 돔 페리뇽도 상당히 좋아하긴 하는데, 마신 적은 열 손가락에 꼽는다. 안타깝게도 돔페리뇽은 미니 병이 없기 때문이다. 샴페인에는 부드럽고 크리미한 브리 치즈를 곁들이면 더욱 맛있다.

샤토뇌프뒤파프 책 앞머리에서 적었듯이 나는 샤토뇌프뒤파프 애호가다. 이런 나를 위해 아버지는 최근 빈티지로 카브를 채워 놓으신다. 그래서 나는 프랑스의 친정집을 방문할 때 이 와인들을 맛볼 수 있게 되었다. 모두 위스키나 포르토 와인 혹은 칵테일을 아페리티프로 마실 때, 나만 유일하게 샤토뇌프뒤파프 한 잔을 마신다. 식사 때 모두 사과 시드르(노르망디식으로 사과즙을 발효시켜 만든 알코올 도수 4~5도의 라이트한 술)를 마셔도, 나만은 샤토뇌프뒤파프를 고집하고 설레는 마음으로 그르나슈, 시라, 무르베드르의 아로마를 다시 만나곤 한다. 향신료, 검붉은 과일, 제비꽃, 바닐라와 훈제 향을 기분 좋게 들이마시면서……

메독 와인 　보르도 와인 중에서는 당연히 메독 애호가다. 더군다나 나는 메독, 그라브, 소테른, 바르삭 와인 기사 작위Commanderie de Bontemps pour les vins de Médoc, Graves, Sauternes et Barsac를 받았다. 메독 와인에는 순한 맛의 고다 치즈를 곁들인다.

그 외에도 보르도 와인 중에 부드럽고 균형 잡힌 맛에 트뤼플(truffle, 서양 송로 버섯) 향이 우아한 전형적인 포므롤이나 생테밀리옹 와인도 좋아한다. 2007년 말쯤 리더스다이제스트에서 나의 《한국, 수다로 풀다》라는 책의 판권을 사고 싶다는 연락을 받았다. 수중엔 샴페인도 없고, 곁엔 남편도 없었기 때문에 포므롤 와인인, 2004년도신 사도 비외 마이에Château Vieux-Maillet 한 병을 꺼내어 자축하며 마셨다. 가족과 친구들에게 전화해서 이 기쁜 소식을 전하는 것도 물론 잊지 않았다.

소테른이나 아이스 와인 　파티가 끝나고 남아 있는 소테른이나 캐나다 아이스 와인을 꺼내 마시는 것을 무척 좋아한다. 하지만 불행히도 남는 경우가 거의 없다. 또한 남편도 좋아하는 와인이기 때문에 나 혼자서 마시는 경우는 드물다. 소테른과 아이스 와인 역시 작은 병으로 판매된다. 8~10도 정도로 차갑게 마시는 것이 필수다.

삼페인   샤토뇌프뒤파프   메독 와인   소테른 와인

소테른 와인은 정말 특별한 와인으로, 리큐어 와인 중 가장 유명하다. 보르도 포도 품종 중 세미용, 소비뇽 블랑, 뮈스카델로 만드는 이 화이트 와인은 풍성하면서도 크림 같고, 꿀처럼 달콤하고, 건과일과 설탕에 절인 오렌지 향이 강하다. 또한 산도가 적당히 있어서 장기간 숙성이 가능하면서도 보디감이 있다. 특히 소테른 지역의 특별한 테루아르 덕분에 이곳에서는 최상급 와인이 만들어진다. 이 지역에서는 작고 차가운 시롱 강이 더 따뜻면서도 큰 가론 강으로 흘러들어가는데, 이로 인해 근처 포도 밭에는 가을 안개가 자욱하게 끼곤 한다. 이때 잘 익은 포도송이 위에 보트리티스라는 특별한 곰팡이가 앉아 포도송이의 수분

을 앗아간다. 이런 과정을 통해 귀부(貴腐, Noble Rot) 포도가 된다. 이렇게 귀부 현상이 진행된 포도알은 손으로 수확을 한다. 이렇게 특별하게 만들어지므로 비쌀 수밖에 없다. 귀부가 늦게 진행이 되면 수확 역시 늦어지는데 그 결과는 환상적이다.

이렇게 만들어지는 소테른, 바르삭, 카디약 등의 리큐어 와인의 가격은 일반 와인과 비슷하거나, 샤토 디켐처럼 유명한 샤토의 와인이라면 두 배까지 뛸 수 있다. 곁에서 봤을 때는 썩어 문드러져 보이는 포도알이 그토록 섬세하면서도 벌꿀, 살구, 호두, 절인 과일 향이 풍부한 금빛의 즙을 내는 게 나는 늘 놀라울 따름이다. 과연 신들이 먹어야 마땅한 최상의 맛이다.

이 와인들에 곁들이는 안주로는 블뢰도베르뉴나 고르곤졸라와 같은 블루치즈 조각이 잘 어울린다. 속은 크리미하고 제법 기름지면서 짭조름하고 맛이 강하다. 한국식 안주를 원한다면 김치전이 제격이다. 의아해할 수 있겠지만 와인의 맛을 변질시키지 않으면서 서로 멋지게 어우러진다.

여기서 잠깐 소테른 와인처럼 달콤하고 풍부한 맛을 내는 아이스 와인에 대해서도 알아보자면, 우선 아이스 와인의 최대 생산국은 캐나다다. 매년 11월에서 12월 사이에 온타리오와 브리티시 콜럼비아의 온도가 급격히 떨어지면서 만생종인 리즐링과 비달의 경우 이미 아로마가 농축된 상태로 나무에서 얼게 된다. 그 상태로 재빨리 수확해서 압착하는데, 그렇게 나온 하얀 즙은 비싸면서도 희귀하고 부드러워서 세계 여러 나라에서 금메달을 수상했을 정도다. 공중에서 살짝 떠도는 딸기와 산딸기 향도 잊을 수 없다. 차갑게 마시면 그 맛이 환상적이다.

새로운 와인을 찾아서 이 세상에는 너무나 많은 와인이 있다. 각각의 와인마다 스타일도 다양해서 한평생 다 발견하지 못할 정도다. 와인에 관심이 있다면, 이미 알고 있거나 좋아하는 와인에만 얽매일 것이 아니라 여행을 떠나거나 혹은 레스토랑에 갔을 때 늘 새로운 것을 시도하며 와인에 대한 지식을 넓혀 나가는 것이 좋다.

와인 스쿨에서는 시음회 때 개인 시음 평가를 적고 옆에 와인의 라벨을 함께 붙이게 했다. 나중에 기억할 수 있도록 하기 위해서였다. 요즘은 휴대전화의 카메라 해상도도 높고, 소형 디지털 카메라도 많기 때문에 쉽게 라벨의 사진을 찍어서 개인적인 평가를 적을 수 있다. 하지만 와인 라벨 노트를 만들 만한 의욕이나 시간이 없다면 와인을 그냥 있는 그대로 즐겨도 된다. 억지로 하느라고 스트레스 받는 것보다는 훨씬 낫다.

다음은 특별한 품종으로 만든 특별한 와인들로, 내가 최근 새롭게 발견한 와인들이다.

보르도의 클레레 Clairet 보르도에서 와인 스쿨을 다닐 때 처음으로 클레레사진1를 접했다. 프랑스 사람인 나도 이 와인에 대해서는 아는 바가 전혀 없었다. 클레레는 로제와 레드 와인의 중간이며, 12도 정도로 시원하게 마시는 와인이다. 레드 와인과 같은 방식으로 양조하되 조금 더 신속하게 진행시킨다. 여름에 레드 와인이 조금 무겁게 느껴질 때 시원하게 갈증을 해소해준다. 카베르네 소비뇽, 메를로 등 모두 보르도 품종으로 만들며, 충분히 산도가 있으면서 향이 풍부하고 가벼워서 어느 음식이나 쉽게 어울린다. 타닌이 약하기 때문에 중국 음식은 물론 한국

1 보르도 클레레 국내 미유통
2 게리 크리텐덴 아이 로사토 수입사: 카나와인, 3만 원대
3 본누벨 수입사: 국순당L&B, 15만 원대
4 렘후트 에스테이트 수입사: 국순당L&B, 9만 원대

음식과도 매치가 잘 된다. 누구나 좋아하는 와인으로 친구들과 마시기 제격이다. 아직 한국에는 수입되지 않지만, 수입이 된다면 가격은 2~3만 원대가 될 것이다. 보르도에 직접 갈 기회가 있거나, 누군가 한 병을 선물한다면 차갑게 마셔보기를 권한다.

알코올 도수가 제법 높은 호주산 로제 와인 나의 어머니는 여름이면 꼭 로제 와인만을 고집하시며 식사 때마다 프로방스산 로제를 꺼내시곤 하셨다.

그래도 나는 늘 로제 와인을 별로 좋아하지 않았다.

그런데 어느 날, 게리 크리텐덴 아이 로사토Garry Crittenden I Rosato, 사진2 로제 와인 한 병을 선물받게 되었다. 보르도의 클레레를 떠올리게 하는 오렌지 빛이 감도는 아름답고도 짙은 장밋빛이었다. 이 호주산 로제 와인은 산지오베제, 바르베라, 네비올로, 카베르네 소비뇽, 피노 누아 등 다섯 가지 품종을 블렌딩한 특별한 와인이다. 알코올 도수가 14도로 꽤 높으면서 체리, 붉은 과일 향이 입 안에서 기분 좋게 퍼진다. 산도도 적당해서 시원하게 목을 축이므로 아페리티프로 마셔도 좋고 친구끼리의 식사에도 완벽하게 어울린다. 내가 너무나도 좋아하는 와인이다.

남아공의 피노타주Pinotage 품종 피노 누아, 피노 그리, 피노 블랑, 피노 뫼니에는 잘 알고 있었지만 피노타주라는 품종은 잘 몰랐었다. 피노타주는 남아공에서 와인을 만들 때 카베르네 소비뇽, 메를로와 주로 블렌딩되는 품종으로, 1926년경 피노 누아와 디워를 좋아하는 중질 품종인 생소Cinsault를 접합해서 만든 것이다. 이 품종은 와인을 가볍고 유연하게 만든다. 나는 2006년에 유명한 와인 메이커인 미셸 롤랑Michelle Rolland이 서울을 방문했을 때, 신비로운 피노타주 품종에 대해 얘기를 나눴고 본누벨Bonne Nouvelle, 사진3, 렘후트 에스테이트Remhoogte Estate, 사진4 등의 피노타주 품종으로 만든 몇 가지 와인을 맛보기도 했다.

스페인산 틴타 드 토로Tinta de Torro 품종 캄포 엘리세오Campo Eliseo, 사진5 또한 미셸 롤랑이 양조한 와인이다. 처음 이 와인을 아무것도 모른 채 시음해

보는 순간 나는 다즙질의 고상한 검붉은 와인의 매력에 흠뻑 취하지 않을 수 없었다. 알아보니 틴타 드 토로는 템프라니요^{Tempranillo}라는 유명하고도 고상한 스페인 품종의 또 다른 이름이었다. 강직하고, 풍부하면서도 남성적인 성격이 강한 이 와인은 입 안에서 놀라울 정도로 한없이 벨벳 같은 느낌을 주었다.

한 번도 들어본 적이 없는 품종을 접하면 시음해 보기 전까지는 그 와인의 분위기나 맛을 짐작조차 할 수 없어 조금 당황하게 된다. 때로는 번역 때문에 원래 알고 있던 품종조차 모르는 품종으로 둔갑해버릴 수도 있다. 오늘날 재배되는 품종이 5천 개 정도인데 실제로 현지 번역까지 포함한다면 품종 리스트가 4만 개로 늘어난다고 한다!

아르헨티나산 말벡^{Malbec} 품종　말벡에 대해서는 이미 알고 있었다. 말벡 품종은 프랑스 남서 지역 카오르 와인에 메를로와 타나와 블렌딩되곤 한다. 타닌이 강하지만, 자두, 말린 자두 같은 검은 과일 향이 풍부해서 그 유연함이 일품이다. 칠레산 말벡으로 만든 와인도 시음해 본 적이 있었는데 타닌이 더 강하고 바닐라 향이 조금 더 강조되는 맛이었다.

하지만 이 모든 건 아르헨티나의 야코추야^{Yacochuya, 사진6}를 맛보기 전이었다. 야코추야는 골격이 잘 잡혀 있고, 타닌도 제법 느껴지면서도 유연하기 그지없는 와인이다. 검붉은 과일 향이 가득하면서 바닐라와 계피와 같은 향신료도 풍성하게 느껴져 스파이시한 맛이 끝내준다. 이미 알고 있는 말벡 품종이었지만, 아르헨티나의 기후와 특유의 양조 방법 때문에 그 결과는 그야말로 독특했다.

5 캄포 엘리세오 수입사: 국순당L&B, 19만 원대
6 야코추야 수입사: 국순당L&B, 17만 원대
7 로얄 토카이 아수 에센시아 수입사: 신동와인, 35만 원대
0 옵세션 수입사: 두산와인, 2만 원대

　　헝가리산 토카이 와인 친구들이 소테른 와인과 토카이 와인을 비교하며 얘기하는 걸 종종 들었지만, 한 번도 맛본 적이 없는 와인이었다. 그러던 어느 날, 여동생이 헝가리 여행에서 돌아오면서 그 유명한 헝가리 토카이를 내게 선물했다. 한국에서는 로얄 토카이Royal Tokaji, 사진7 브랜드의 와인들이 수입되고 있다.

　　17세기 태양왕으로 알려진 프랑스의 루이 14세는 토카이를 와인의 왕이라고 부르곤 했다. 상쾌하면서도 아로마가 풍부한 이 와인은 2백 년은 보관이 가능하다는 명성이 자자하다. 무화과, 말린 살구, 카라멜과 절인 과일 향이 풍부한 게 달콤하기 그지없다. 한 번 맛보면 그 맛을 결코 잊을 수 없다. 토카이는 헝가리와 슬로바키아 동부에 7천 헥타르의 화산토에서 재배되는 품종이다. 소테른과 마찬가지로 보드록 계곡의 가을 안개가 푸르민트Furmint 등의 특별한 품종에 귀부 현상을 일으킨다. 보트리티스 균이 생긴 포도알은 10월 말부터 손으로 수확해서 따로 보관하다가 와인 페이스트나 즙으로 만든다. 그런 후에 하루나 사흘 동안의 침용 과정을 거쳐 지하 저장고의 오크통에 최소 2년간 발효시킨다. 136리터 용량의 통에 얼마만큼의 귀부 포도를 혼합(혼합비율 단위: 푸토뇨스puttonyos)하는가에 따라 와인의 농도, 품질, 가격이 결정된다. 최상급 와인은 혼합 비율이 가장 높은 아수 에센시아Aszu Eszencia다. 수확이 좋지 않은 해는 사모로드니Szamorodni라고 혼합 비율이 낮은 와인을 만들게 되는데 이 와인은 드라이한 맛이 나기도 한다.

    심포니Symphony   언젠가 나는 캘리포니아산 옵세션Obsession, 사진8 한 병을 선물받은 적이 있었다. 알코올 도수 11.5도의 미국산 라이트한 화이트 와인으로 연한 금빛이었다. 품종은 심포니. 물론 한 번도 들어본 적이 없는 품종이었다. 심포니는 1948년 UC데이비스 대학에서 뮈스카와 그르나슈 그리 품종을 교배해서 개발한 것이다. 복숭아, 감귤류, 흰꽃 향이 풍부하며, 입 안에서 산도와 당도가 기분 좋게 균형을 이룬다. 여성들이 좋아할 만한 와인이다. 그렇지만 경상도 출신인 남편도 와인 초보자여서 그런지 상당히 좋아한다. 마시기 쉬운 와인이다.

프티트 시라 Petite Syrah 플로레스타Floresta, 사진9 역시 선물로 받은 와인이었다(아쉽게도 한국에는 '플로레스타 아팔타 카베르네 소비뇽' 제품만 수입되고 있다). 프티트 시라, 메를로, 카베르네 소비뇽 세 품종이 각각 40, 40, 20퍼센트로 블렌딩된 와인이었다. 우드 향이 강하고 검붉은 과일, 바닐라, 향신료 향 역시 풍부하며 맛좋은 와인이었다.

그렇다면 프티트 시라란 도대체 어떤 품종일까? 블렌딩된 품종 중 메를로나 카베르네 소비뇽은 보르도가 원산지인 품종으로 잘 아는 것들이었지만, 프티트 시라는 생소했다. 론 계곡에서 재배되는 시라의 사촌뻘 되는 품종일까? 아니면 호주산 시라의 스파이시한 강한 향을 그대로 지니고 있을까? 시음한 결과, 시라만큼 향이 풍부하진 않았다. 와인에서는 메를로 고유의 입 안에서 부드럽게 꽉 차는 느낌과 체리, 마른 자두와 바닐라 향이 느껴졌다. 아울러 우드 향이 강한 이 와인에 균형을 가져다 주는 카베르네 소비뇽의 타닌과 힘 또한 느껴졌다. 그렇다면 프티트 시라는 어디에서 느낄 수 있는 것일까?

자료를 찾아보니 프티트 시라와 시라는 전혀 상관이 없는 품종이었다. 과거 프랑스에서 시라와 또 하나의 오래된 프랑스 품종인 프루르생Peloursin의 교배로 얻었던 품종인 뒤리프Durif가 바로 프티트 시라였다. 칠레에서 조금 재배되고 주로 캘리포니아에서 재배되는데, 평범한 저렴한 와인 블렌딩에 많이 사용되는 품종이었다. 한번 직접 맛보시기를…….

뱅 드 파이유 Vin de paille 집에 손님을 초대한 어느 날, 초대 손님 중 한 명이 자신의 고향인 쥐라에서 갖고 온 와인을 자랑스레 꺼내들었다. 뱅

9 **플로레스타** 수입사: 두산와인, 11만 원대
10 **뱅 드 파이유** 국내 미유통
11 **코얌** 수입사: 동원와인플러스, 5만 원대

드 파이유^{사진10}(지푸라기 와인)였다. 아름다운 호박빛 와인이 담긴 500ml 병 앞에서 호기심을 느끼지 않을 수 없었기에 바로 이튿날 당장 시음을 해보기로 했다. 새로운 와인을 맛본다는 생각에 즐겁지 않을 수 없었다. 이미 쥐라의 뱅 존은 알고 있었지만 뱅 드 파이유는 맛본 적이 없었기 때문이다. 다음날 병을 개봉하기 전에 와인 사전을 펴고 뱅 드 파이유에 대해서 먼저 알아봤다. 뱅 드 파이유는 10월에서 1월까지 지푸라기 위에 건조시킨 포도로 만든 와인이었다. 이렇게 건조시킨 포도알은

수분이 증발하면서 농축된 즙을 내게 된다고 한다. 보통 포도알 100kg 에서 700~750ml의 즙이 나오는 것에 반해 뱅 드 파이유의 경우 고작 200~250ml의 즙이 나오는 게 다였다. 이렇게 얻어진 와인은 작은 통 에서 매우 천천히, 때로는 4년 동안 발효된다. 제한된 양만이 생산되기 때문에 가격이 그토록 비싼 것이다. 뱅 드 파이유는 알코올 도수가 15 도로 제법 높았다. 색상은 아름다운 호박색이고, 절인 과일과 호두의 향이 풍부하게 느껴졌다. 제법 당도가 높고 향도 강해서 남편은 상당히 좋아한다. 그 뒤로는 뱅 드 파이유를 혼자 마신 적이 없다. 아쉽게도 현 재 한국에는 수입되지 않고 있지만, 수입이 된다면 10만 원이 넘는 가 격일 것이다.

칠레산 코얌Coyam 우리 동네 와인 매장에서 와인을 고르는데 지배인이 코얌사진11 와인을 권했다. 지배인 말로는 한국 손님들이 너무나 좋아하 는 와인이라고 했다. 나로서는 본 적도 들은 적도 없었던지라 한 번 시 음해 보기로 하고 구입했다. 맛을 보니 과연 인기가 많을 만했다. 타닌 이 적당하고, 과일 향도 알맞게 풍기는 우아한 와인으로 모든 사람들의 입맛에 맞을 만한 와인이었다. 카베르네 소비뇽, 메를로, 시라, 카르메 네르, 무르베드르 등 여러 품종을 블렌딩했기 때문에 서로의 맛을 훌륭 하게 보완해주었다. 최근까지만 해도 칠레에서는 블렌딩 와인이 드물 었다. 그러나 전 세계적인 고객의 입맛에 맞추기 위해 새로운 맛, 새로 운 와인을 찾다 보니 이토록 다양한 블렌딩을 시도하게 된 것이다. 다 섯 가지 품종을 블렌딩한 칠레의 코얌은 부드럽고 벨벳 느낌이 난다.

타닌이 있고, 골격이 잘 잡혀 있다. 스파이스 향이 검붉은 과일 향과 잘 어우러지는 와인이다. 나는 와인의 대발견 작업을 계속할 것이다. 인생의 묘미를 즐기되 과음하지 않으면서 말이다. 여러분도 한번 시도해보기를 바란다.

그냥 한잔 하고 싶을 때

특별히 축하할 일도 없고, 새롭게 발견할 와인도 없이 그냥 와인이나 한 잔 마시고 싶다면 단순한 맛의 와인을 고르는 게 좋다. 나의 경우엔 화이트도 로제도 아닌 레드 와인을 주로 고르는 편이다. 다만 테이블 와인이나 아로마가 별로 느껴지지 않는 너무 저렴한 와인은 잘 마시지 않는다. 또한 지나치게 우드 향이 강하거나 타닌이 너무 강한 와인 역시 별로 좋아하지 않는 편이다.

이제는 한국에서도 간편하게 마시기에 적당한 와인을 얼마든지 고를 수 있다. 와인 매장이나 할인 매장에 가면 1만 5천~3만 원 가격대에서 얼마든지 괜찮은 와인을 고를 수 있다. 페이 독과 같이 뱅 드 페이 와인들 말이다. 대부분의 프랑스인들이 그렇듯 나는 편안하게 마시는 와인으로는 화려하지 않은 와인을 고른다. 신세계 와인이라면 유명한 브랜드를 고른다.

내가 부담없이 즐기는 와인으로는 호주산 옐로 테일^{Yellow Tail} 브랜드 (수입사: 롯데아사히와인)의 카베르네 소비뇽, 메를로, 시라 품종 등의 단일 품종으로 만들어진 와인들, 프랑스 보르도의 마르키드샤스^{Marquis de}

Chasse(수입사: 롯데아사히와인), 메종 에브라르Hebrard 메독(수입사: 까브드 뱅), 말산Malesan 생테밀리옹(수입사: 동화주류), 샤토 페이 라 투르Pay La Tour(수입사: 길진인터내셔날), 칼베Calvet 레제르브 보르도 레드(수입사: 금 양인터내셔날), 프랑스 코트뒤론의 파랄렐Parallèle 45(수입사: 나라식품), 코 르비에르의 아도시에르A d' Aussière(수입사: 글로벌주류), 칠레의 카르멘 Carmen 브랜드(수입사: 두산와인)의 카베르네 소비뇽이나 메를로 품종의 와인들, 아르헨티나의 트라피체Trapiche 브랜드(수입사: 금양인터내셔날)의 와인 등이 있다.

STORY SIX 와인은 행복이다

와인 무궁무진 활용하기

와인이 남았다! 남은 와인은 얼마나 오래 보관할 수 있을까? 그렇다고 버리기에는 너무 아깝다. 그러나 와인은 개봉하는 순간 이미 공기와 접하기 때문에 그 순간부터 산화가 진행된다고 봐야 한다.

디캔팅한 와인이라면 디캔터를 잘 막아서 24시간 이내에 마셔야 된다. 날리 선택의 여지가 없다. 디캔팅하지 않은 와인이라면 마신 후에 바로 병을 막아놔야 한다. 원래의 코르크 마개를 뒤집어서 끼워넣으면 잘 들어간다. 혹은 와인 스토퍼를 사용한다. 시원한 곳에서 48시간까지 보관 가능하다. 스파클링 와인은 남는 경우가 드물긴 하지만, 그래도 혹시 남았다면 특수 마개로 바로 닫고 다시 냉장 보관한다. 가능하면 공기를 빼서 진공상태로 만들어주는 스토퍼를 사용하도록 한다. 역시 48시간 이내에 마시도록 한다. 그렇게 하고도 남았다면 버리지는 말자. 식초로 만들거나 요리에 사용할 수 있다.

홈메이드 와인 식초

집에서 와인 식초를 만들기란 간단하다. 약간의 참을성만 있으면 된다. 그러고 나면 함께 나눠먹을 수 있을 정도로 얼마든지 많이 만들 수 있다.

와인이 어떻게 식초로 변할까? 와인과 공기만 있으면 식초를 만들 수 있다. 와인, 더 정확히 말해서 와인의 알코올이 산화되면, 시간이 흐르면서 공기 중 박테리아인 초산균과 접촉하여 식초로 변하게 된다.

식초를 만드는 데 가장 중요한 것은 식초 모균으로, 와인이나 저온살균을 거치지 않은 일부 식초를 공기 중에 몇 주간 산화시켰을 때 자연스레 형성되는 일종의 젤라틴 막이다. 이 모균만 있으면 거의 무한정으로 와인 식초를 만들어낼 수 있게 된다. 다음으로, 가능하다면 식초를 뺄 수 있도록 꼭지가 달린 식초통이 있으면 좋겠지만, 한국에서 쓰는 작은 장독도 괜찮다.

식초 만들기 식초를 만드는 데에는 두 가지 방법이 있다.

식초 모균이 이미 있다면? 이를 식초통에 담고 남은 와인을 부으면 된다. 4주에서 6주 후에 와인 식초를 맛볼 수 있게 된다.

모균이 없다면? 가능하다면 유기농 식초로 원하는 종류를 골라서 와인과 섞는다. 이때 와인은 가능하면 영한 와인으로 와인과 식초 비율을 2대 1로 해서 혼합한다. 식초나 와인의 품질에 따라 두세 달 후 모균이 형성된다.

이제 모균이 있으니 나머지 과정은 동일하다. 식초를 만들려면 20도가 넘지 않는 건조하고 서늘한 곳에 식초통을 놓아두고 가끔씩 뚜껑을 열어서 식초가 숨을 쉴 수 있도록 해준다. 보름에 한 번씩 0.5~1리터를 뺀다. 빼낸 만큼 식사 중에 남는 와인이 있으면 채워놓는다. 어느 정도 시간이 지나면 모균 양이 상당히 많아진다. 가족이나 친구들과 모균을 나눠 가져도 된다. 그러면 이들도 남은 와인으로 자신만의 와인 식초를 만들 수 있게 된다.

남은 와인 요리에 활용하기

남아 있는 와인은 요리에 넣으면 안성맞춤이다. 와인을 넣으면 음식의 풍미가 좋아지면서 말로 표현하기 힘든 특별함을 준다. 알코올은 요리 중에 증발하기 때문에 취할 걱정 없이 먹어도 된다. 물론 아이들한테도 안전하다.

　요리에 와인을 활용하는 방법은 무궁무진해서 레드 와인이든 화이트 와인이든 얼마든지 활용할 수 있다. 이 요리들에 와인을 곁들이고 싶다면 요리 속에 넣은 와인과 같거나 비슷한 와인이 가장 잘 어울린다.

전채 요리

양파 수프　가을이나 겨울, 저녁 식사 때 주로 먹던 양파 수프는 요즘도 파티가 늦게 끝날 때나 크리스마스, 섣달 그믐의 밤 늦게도 종종 먹는다. 항산화 효과와 거담 효능 때문에 양파 수프는 감기에 걸렸을 때 특효약이 된다.

(5~6인 기준) 양파 5~6개, 버터 60g, 밀가루 2큰술, 빵 5~6조각, 에멘탈 치즈 200g, 드라이 화이트 와인 2~3큰술, 소금, 후추

1. 양파를 까서 둥글게 썬다.
2. 냄비에 버터를 두르고 중불에 양파를 노릇노릇 볶는다.
3. 양파가 노릇노릇해지면 밀가루를 뿌리고 갈색으로 변할 때까지 나무 주걱으로 볶는다.
4. 화이트 와인을 넣고 물 1.5리터를 붓는다. 소금과 후추를 뿌리고 약한 불에 30분 동안 익힌다.
5. 그동안 빵을 굽고, 에멘탈 치즈를 간다.
6. 도자기 그릇이나 작은 뚝배기 등 오븐용 그릇에 수프 2/3를 부은 후 빵 조각을 올리고 그 위에 에멘탈 치즈 간 것을 뿌린다.
7. 위가 노릇하게 눋도록 5~10분간 오븐에 가열한 후, 꺼내어 바로 먹는다.

그리스식 버섯 봄, 여름에 시원한 전채 요리로 제격이다. 그리스식 음식인데 프랑스인들이 너무나 좋아하는 것이다. 만들기도 쉬운 데다가 한국에서는 반찬으로 먹어도 손색이 없다.

(5~6인 기준) 양송이 버섯 1kg, 드라이 화이트 와인 1잔, 올리브 오일 1/2잔, 토마토 페이스트 1큰술, 토마토 4개, 양파 1개, 셀러리 2줄기, 레몬 1/2개, 가루로 된 타임과 월계수 잎, 소금, 후추

1. 양송이는 밑둥을 자르고 깨끗이 씻는다. 크기에 따라서 2등분 혹

은 4등분한다.

2. 토마토는 끓는 물에 살짝 데쳐 껍질을 벗긴 후 으깬다.

3. 냄비에 으깬 토마토, 다진 양파, 화이트 와인, 올리브 오일, 레몬 즙, 토마토 페이스트를 넣고 센 불에 잠깐 끓인다.

4. 버섯, 잘게 다진 셀러리, 허브, 소금, 후추를 넣는다.

5. 냄비 뚜껑을 덮고 팔팔 끓인다. 뚜껑을 연 후 약한 불로 소스가 자작해질 때까지 10~12분 정도 졸인다.

6. 다 익으면 질그릇에 버섯을 담아서 식은 후에 냉장고에 넣는다. 차게 서빙할 것!

해산물 요리

해산물 파스타　초보자도 만들기 쉬운 파스타다. 우리집 냉장고 문 아래쪽에는 해산물 파스타를 위한, 먹다 남긴 화이트 와인 한 병이 늘 있다. 남은 와인이 없다면 저렴한 화이트 와인 한 병을 사서 두고 쓰는 것도 좋은 생각이다. 만드는 방법도 아래처럼 간단한데 맛에 따라 토마토 혹은 크림 소스 중 고르면 된다.

(4~5인 기준)　오징어, 홍합, 새우 등 손질해놓은 다양한 해산물, 크림 소스라면 생크림 2잔, 토마토 소스라면 껍질 벗긴 토마토 1캔, 그리고 나머지 재료는 똑같이 커다란 양파 1개, 파 1대, 으깬 마늘 2알, 드라이 화이트 와인 1잔, 파마산 치즈 가루, 올리브 오일, 소금, 후추, 오레가

노, 타임, 바질

1. 소금을 넣은 끓는 물에 면을 넣고 7~8분 삶는다.
2. 프라이팬에 올리브 오일을 두르고 잘게 다진 양파, 마늘, 파를 볶는다.
3. 손질한 해산물을 넣는다. 홍합은 껍질째 넣어도 된다.
4. 소금과 후추로 간하고 허브를 넣는다.
5. 해산물이 익을 때쯤 화이트 와인을 첨가한다.
6. 소스 종류에 따라 생크림 혹은 토마토 캔을 넣는다.
7. 몇 분간 약한 불에 익힌다.
8. 다 익은 면을 넣는다.
9. 파마산 치즈 가루를 뿌린다.

홍합 홍합 요리는 간단한데, 대체적으로 화이트 와인을 한 잔 정도 섞는 게 홍합 요리 소스의 기본이다. 와인이 들어가면 소스의 풍미를 더욱 풍부하게 해주기 때문이다. (199~203쪽 홍합 요리 레시피 참조)

생선 조림 맛술 대신 화이트 와인을 사용한다. 맛술처럼 비린내를 제거해줄 뿐만 아니라 소스에 풍미를 더하여 라이트하면서도 과일 향이 감돌게 해준다.

(4인 기준) 깨끗하게 손질해서 토막 낸 생선(고등어, 참치 혹은 갈치나 병어 등. 단 고등어나 참치처럼 기름진 생선을 조렸을 때 살이 덜 부서진다)

6~7조각, 무 1/3개, 양파 1개, 파 2대. 다진 마늘 2~3알, 생강 혹은 생강 가루 1큰술, 간장 4~5큰술, 고춧가루 1큰술, 드라이 화이트 와인 1/2잔, 설탕 1작은술, 참기름 2큰술, 통깨 1~2큰술, 후추

1. 작은 냄비에 정육면체로 썬 무를 깐다.
2. 위에 토막 낸 생선을 얹는다.
3. 그 위에 채 썬 양파와 파를 얹는다.
4. 마늘, 생강, 고춧가루, 설탕, 통깨, 후추에 간장, 참기름, 화이트 와인을 섞어 소스를 만들어 생선 위에 끼얹는다.
5. 한 소끔 끓이고 생선이 다 익을 때까지 약한 불에서 익힌다.
6. 밥과 함께 먹는다.

고기 요리

와인 불고기 기존의 불고기 레시피에 와인을 첨가한다는 차이만 있다. 와인을 넣으면 육질이 부드러워지고 양념이 맛깔스러워진다. 과일 향이 풍부하면서 골격이 있는 편인 와인을 선택한다. 타닌이 강하지 않은 라이트한 보르도 와인 혹은 간단한 부르고뉴 와인도 괜찮다. 물론 모두 저렴한 영 와인들이다. 양념에 넣은 뒤에도 와인이 남았다면 그것을 식사에 곁들여도 된다. 불고기와 훌륭하게 어우러질 것이다.

(4인 기준) 불고기 700g, 설탕 2큰술, 보르도 와인 2~3큰술, 파 3~4대, 다진 양파 큰 걸로 1개, 다진 마늘 2큰술, 간장 6큰술, 통깨 1큰술, 참기름 1큰술, 얇게 채 썬 단단한 배 1/2개, 흑후추

1. 설탕과 와인에 고기를 재운다.

2. 따로 간장, 마늘, 참기름, 통깨, 후추를 섞는다.

3. 뚜껑이 있는 용기에 재워놓은 고기를 넣고 위에 준비한 양념과 양파, 파, 배를 섞는다.

4. 적어도 3~4시간, 혹은 하룻밤 냉장고에 재운다.

5. 바비큐로 굽거나 실내용 그릴에 구워서 밥과 함께 먹는다.

코코뱅Coq au vin 전통적인 프랑스 요리다. 요리 방법은 복잡하지 않지만 요리 시간이 한 시간 반 정도로 오래 걸린다. 또한 와인과 코냑이 들어가는 관계로 비용도 제법 든다. 하지만 와인을 이용한 대표적인 요리이고, 진짜 프랑스의 맛을 흠뻑 느낄 수 있다. 이미 개봉한 부르고뉴 와인이 반 병 정도 남았다면 코코뱅은 어떨까?

(4인 기준) 토막 낸 영계 혹은 암탉 2kg, 양파 2개, 당근 2개, 마늘 2알, 부르고뉴 레드 와인 적어도 1/2병, 베이컨 150g, 양송이 버섯 250g, 코냑 50ml, 밀가루 40g, 버터 50g, 식용유 2큰술, 소금, 후추

1. 커다란 냄비에 버터와 식용유를 두르고 센 불로 닭을 익힌다. 소금과 후추로 밑간을 한다.

2. 당근, 양파는 손질하여 작게 자르고 마늘은 다진다.

3. 닭이 노릇노릇해지면 당근과 양파를 넣어 볶는다.

4. 밀가루를 넣고 나무 주걱으로 잘 저어서 갈색으로 변할 때까지 함께 볶는다.

5. 코냑을 붓고 냄비 안에서 불이 붙도록 지펴준다(이때 안전에 유의할 것).

6. 부르고뉴 와인을 부은 후 마늘을 넣는다. 뚜껑을 덮고 30분 정도 약한 불에 익힌다.

7. 손질한 버섯을 채 썰어 따로 프라이팬에서 버터, 소금, 후추, 마늘을 넣고 센 불에 노릇노릇하게 익힌다.

8. 베이컨을 정육면체로 잘라서 닭 냄비에 넣는다.

9. 완성되기 30분 전에 뚜껑을 열어 소스를 졸인다.

10. 내놓기 전에 버섯을 곁들인다.

11. 찐 감자 혹은 밥과 함께 먹는다.

샴페인 닭 구이 많은 프랑스인들이 일요일 오전에 자주 먹는 전통적인 닭 오븐 구이 레시피의 변형이다. 남아 있는 샴페인을 곁들이면 파티 분위기가 물씬 풍기는 요리가 된다. 만들기도 간편하기 때문에 자신의 오븐을 요리책 꽂이로 사용하는 내 에이전트를 위한 특별 요리다. 혹시나 여러분 중에도 오븐을 냄비 보관소나 잡동사니 창고로 쓰는 사람이 있다면 이 요리를 꼭 해보기 바란다.

(4~5인 기준) 토종닭 1마리, 버터와 마늘, 소금, 후추, 타임

속 다진 돼지고기 500g, 작은 양파 다진 것 1개, 마늘 다진 것 2알, 달걀 1개, (닭 간 다진 것도 넣어도 된다), 소금, 후추, 파슬리, 타임

소스 샴페인 남은 것 1~2잔. 가능하면 샴페인 브륏으로 한다.

1. 작은 볼에 다진 돼지고기, 다진 양파, 마늘, 계란, 다진 간, 소금, 후추, 허브를 넣고 잘 섞어서 닭의 속을 채운다.

2. 이렇게 속을 채운 닭은 오븐용 그릇에 담고, 다리 쪽에 마늘 몇 알을 끼워 넣는다.

3. 겉을 버터로 칠하고 소금과 후추로 간을 한 다음에 허브를 뿌린다. 샴페인 1잔을 붓고 1시간 동안 180도 오븐에서 굽는다.

4. 30분이 지나면 흐른 즙을 다시 뿌려준다.

5. 닭이 크다면 속까지 완전히 익지 않을 수도 있으므로 완성되기 15분 전쯤에 속을 꺼낸다. 닭이 작다면 그대로 두어도 된다. 남아 있는 샴페인을 붓고 마저 굽는다.

6. 볶은 버섯이나 볶은 감자, 밥과 곁들이면 좋다.

뵈프 부르기뇽 Boeuf Bourguignon   이것 역시 전통적인 프랑스 요리로 한국의 갈비찜과 흡사하다. 시간이 조금 걸리긴 하지만 만들기가 쉽다. 이미 개봉한 부르고뉴 와인이 있다면 재활용하기에 제격이다.

(6~7인 기준) 쇠고기 사태 1.5kg, 부르고뉴 와인 1/2병, 양파 2개, 당근 3개, 마늘 2알, 버섯 500g, 베이컨 200g, 타임, 월계수 잎 가루, 밀가루 1큰술, 버터 70g, 올리브 오일 2큰술, 소금, 후추

1. 냄비에 올리브 오일과 버터를 두르고, 정육면체로 자른 쇠고기를 볶는다.

2. 소금과 후추로 간한다.

삼페인 닭 구이

3. 당근과 양파를 손질하여 둥글게 썬다.

4. 고기가 잘 볶아졌으면 불을 줄이고 채소를 넣어 노릇하게 익힌다.

5. 베이컨을 잘게 자르고, 나머지 재료와 함께 잘 볶는다.

6. 색이 잘 나면 고기를 냄비에서 꺼낸 뒤에 밀가루 1큰술을 넣는다. 나무 주걱으로 잘 저어서 갈색이 될 때까지 볶는다.

7. 와인을 붓는다. 냄비의 바닥을 가끔씩 긁어주어서 밑에 밀가루와 즙이 눌어붙지 않도록 한다.

8. 타임, 월계수 잎 가루, 다진 마늘을 넣는다.

9. 고기를 다시 냄비에 넣는다. 뚜껑을 덮고 2시간가량 끓인다.

10. 완성되기 15분 전쯤에 뚜껑을 열어 소스를 졸인다.

11. 버섯을 씻은 후 썰어서 버터에 볶는다. 소금과 후추로 간하고 파슬리를 뿌려준다.

12. 찐 감자를 곁들여 다같이 서빙한다.

디저트

와인 향신료 배 어머니는 매년 가을이면 그냥은 먹기 힘든 단단하고 작은 배로 이 디저트를 만들곤 하셨다. 향긋하면서도 달콤하고 시원한 맛이 일품이다.

(4~5인 기준) 영하고 라이트하면서 과일 향이 풍부한 레드 와인 1/2병, 배 3개, 통계피 1개 혹은 계피 가루, 스타아니스(팔각) 1개, 향신료인 카다몬 2알, 정향 1개, 흑설탕 2큰술, 유자차 1큰술

1. 배의 껍질을 벗긴 후 크기에 따라서 8~10등분으로 자른다.
2. 배 조각을 와인, 향신료, 설탕에 졸인다.
3. 5분간 약한 불에서 익힌 후 소스가 잘 배이도록 냉장고에 보관한다.
4. 서빙하기 직전에 향신료를 떼어낸다.

딸기 젤리   여름용 디저트로 제격이다. 케이크보다 훨씬 담백하므로 식사 후에 가볍게 먹기 좋다.

(6인 기준) 과일 향이 나는 라이트한 레드 와인 1/2병(혹은 스위트 와인을 넣는다면 설탕을 넣지 말 것), 흑설탕 3큰술과 오렌지 겉껍질 약간, 또는 흑설탕 2큰술과 유자차 1큰술, 가루 젤라틴 30g, 딸기 500g
1. 와인 1잔을 따로 덜어둔다.
2. 나머지 와인에 설탕, 오렌지 껍질이나 유자를 넣고 살짝 데운다.
3. 따로 덜어두었던 와인에 젤라틴을 녹여서 데운 와인에 섞는다.
4. 딸기를 4등분해서 샴페인 잔이나 유리잔에 담는다.
5. 그 위에 조심스레 따뜻한 와인을 붓는다. 냉장고에 몇 시간 두었다가 서빙한다.

스파클링 로제 스트로베리   프랑스에서는 여름이면 만들어 먹는 간단하면서도 시원한 디저트다. 언젠가 이태리산 테이블 와인인 빌라 엠 로제 와인을 선물받은 적이 있었다. 한국의 젊은 여성들이 좋아하는 와인이지만 내게는 너무 달았다. 그럴 때 이 레시피가 제격이다. 3분이면 새

와인 향신료 배 & 딸기 젤리

콤달콤한 환상적인 맛의 디저트가 완성된다.

(6인 기준) 딸기 500g, 스파클링 레드 와인 혹은 스파클링 로제 와인 1/2병, 박하잎 몇 장

1. 작은 단지에 딸기를 잘라 넣는다.
2. 박하잎을 통째로 넣는다.
3. 와인을 붓고 시원한 곳에 보관한다.
4. 차갑게 서빙한다.

뱅 쇼Vin Chaud 뱅 쇼는 '따뜻한 와인'으로 디저트라기보다는 겨울용 음료에 가깝다. 겨울에 산책하고 돌아왔을 때 혹은 스키를 타고 돌아왔을 때 몸을 녹여주는 음료다. 뱅 쇼는 따뜻하고 달콤하면서 향기롭기 그지없다. 하지만 주의할 것은 데웠어도 알코올은 남아 있기 때문에 부드럽게 넘어간디고 계속 마시다가는 취하기 쉽나는 것이다. 아래 레시피에는 한국적인 맛도 더했다.

(2~3인 기준) 영하고 과일 향이 풍부한 레드 와인 1/2병, 유자차 1큰술, 생강차 1큰술, 흑설탕 1큰술, 통계피 혹은 계피 가루, 스타아니스 1개, 정향 2개, 카다몬 2알

1. 전체를 냄비에 넣고 설탕이 녹을 때까지 약한 불로 데운다.
2. 커다란 질그릇에 따뜻하게 서빙한다.

놀면서 와인을 배운다?

좋은 와인에 어울리는 맛있는 음식을 먹으며 완벽한 시간을 보낼 수도 있겠지만, 좀 더 왁자지껄하고 유쾌한 자리를 만들고 싶다면? 방법은 바로 와인으로 작은 게임을 해보는 것이다. 재미있는 시간을 보내기에 안성맞춤이다. 특히, '와인 동호회' 모임처럼 와인을 좋아하는 사람끼리 만나는 자리라면 와인에 대한 재미와 정보를 얻을 수 있는 멋진 기회가 될 것이다. 이렇게 친구들뿐만 아니라 아이들과 해볼 수도 있는, 와인과 관련된 게임 몇 가지를 소개하려고 한다.

'눈으로 보는 와인' 게임은 와인의 색만 보고 와인을 골랐을 때 어떤 결과가 나오는지 그리고 와인 라벨에서 얻을 수 있는 정보 때문에 때로는 우리가 와인을 왜곡시킬 수도 있다는 사실을 알려준다. '향으로 느끼는 와인' 게임에서는 다양한 냄새들이 주는 즐거움을 만끽할 수 있으며 우리가 그동안 얼마나 많은 냄새들을 잊고 지냈는지 새삼스럽게 느낄 것이다. '음식과 어울리는 와인' 게임은 어렵게 느껴지던 와인과 음식 궁합에 대해 확신을 주며, '온도에 따라 변하는 와인' 게임에서는 와인을 마실 때 온도가 얼마나 중요한지 알게 된다.

이런 와인 게임들을 즐기고 이해한다면 와인의 핵심을 꿰뚫었다고 해도 과언이 아니다. 아마도 와인책 몇 권을 읽는 것보다 더 와인이 가깝게 다가올 것이다.

자, 와인과 놀아보자.

눈으로 보는 와인 게임

로제 게임 와인을 음미하는 데 있어서 색은 절대적으로 중요하다. 색만으로 와인의 숙성 정도, 농축도 등과 같은 정보를 얻을 수도 있다. 전문가들은 각 와인별 특성을 색깔을 통해서 알아내기도 한다. 이는 화이트 와인이든 레드 와인이든 연습을 통해 가능하다.

와인 초보자라고 해도 와인의 색깔에 영향을 받는다. 레드 와인의 색은 비전문가들에게는 미지의 세계이지만, 화이트나 로제 와인은 색과 뉘앙스로 좀 더 많은 것을 말해준다. 그러니 이 게임은 로제 와인으로 해보기로 한다. 와인을 선택하거나 평가하는 데 색이 얼마나 중요한지 알 수 있게 해주는 게임이다.

Ready! 이 게임은 오묘한 색깔의 차이를 관찰해야 하므로 햇빛이 잘 들어오거나 형광등 불빛이 있는 곳에서 해야 한다. 우선 다양한 색의

①분홍 ②자줏빛 분홍 ③흰빛 분홍 ④진분홍 ⑤주황빛 분홍

로제 와인을 5~6병 준비한다. 그리고 손님당 5~6개의 투명한 잔과 불투명한 잔을 준비한다. 잔이 모자라면 플라스틱 잔을 써도 된다. 메모할 수 있는 작은 수첩도 마련한다. 로제 와인은 흰빛 분홍, 회색 분홍, 자줏빛 분홍, 보랏빛 분홍, 노란빛 분홍, 주황빛 분홍색에서 주황색까지 여러 가지 색을 띤다. 여기서는 위 그림과 같이 로제 와인 다섯 병을 준비하여 투명한 잔에 따라놓고 번호를 붙여두기로 한다. 마찬가지로 불투명한 잔에도 와인을 따르고 번호를 붙여둔다.

Action! 1. 투명한 잔에 담긴 로제 와인들을 눈으로만 평가한다. 가장 먹음직스러운 색에서 덜 먹음직스러운 색으로 나열해본다. 결과를 예상해보면 ④ 〉 ① 〉 ② 〉 ③ 〉 ⑤ 쯤 될 것이다. 분홍색과 진분홍색이 늘 인기를 끈다. 주황색이 감돌면 주저하게 된다.

2. 이번에는 불투명한 잔에다 시음을 해보도록 한다. 똑같이 ①, ②, ③, ④, ⑤번을 붙여서 이번에는 번호를 바꿨다고 알려준다. 잔을 따른 여러분만이 번호가 처음과 같다는 것을 알고 있다. 결과를 예상해 보면 와인 색만 보고 고른 번호와 완전히 다르게 ⑤ 〉 ② 〉 ③ 〉 ① 〉 ④ 정도가 될 것이다. 알코올 도수가 높은 로제 와인, 맛과 향이 풍부한 주황빛 로제 와인이나 어두운 색인 자줏빛 분홍색 로제 와인에 대한 평가가 가장

높을 것이다. 분홍빛이나 진분홍빛 로제는 산도 때문에 맛이 그처럼 풍부하게 느껴지지 않기 때문에 좋은 점수를 받지 못할 것이다.

로제 와인 게임을 해보면 와인을 선택할 때 색깔이 얼마나 중요하게 작용하는지 쉽게 알 수 있다. 마셔 보기 전에는 색이 예쁜 와인이 맛도 좋을 거라고 생각하는 것이다. 그러나 겉만 보고 평가하면 안 된다는 교훈을 준다.

카멜레온 와인 와인의 색뿐만 아니라 병의 색이나 라벨 역시 와인 평가에 중요하다. 친구들에게는 '와인을 곁들인 일상적인 식사'라고 이야기해 둔다. 와인이 있는 자리에는 와인 이야기가 나올 수밖에 없으니까.

Ready! 프랑스 메독이나 코르비에르 와인 같은 단순하면서 직선적인 레드 와인 한 가지를 두 세병 준비한다. 이때 너무 전형적인 와인을 피한다. 평범한 화이트 와인 빈 병과 멋진 디캔터도 필요하다. 그리고 준비한 와인에 무난하게 어울릴 만한 서너 가지 코스의 식사를 마련하고 손님 각각을 위한 시음 수첩도 있으면 좋다. 식사에 와인을 곁들여야 하기 때문에 술이 세고, 속은 것을 알고도 웃고 넘어갈 수 있는 유머 감각이 있는 친구들과 함께한다. 무엇보다 게임을 이끄는 당신이 포커페이스를 유지해야 한다. 연기가 되지 않는 사람들은 시도하지 말 것!

Action! 간단한 식사를 준비하면서 몰래 부엌에서 혼자 와인 한 병을 각각 다른 세 병에 따른다. 다음과 같이 마치 다른 세 가지 와인인 것처

럼 준비해서 식사 코스에 맞춰 서빙한다. 첫 번째로 전채 요리에 맞춰, 라벨을 뗀 일반 화이트 와인 빈 병에 준비한 레드 와인을 담아 서빙한다. 두 번째는 라벨이 그대로 붙은 채로 원래 와인 그대로 주 요리에 곁들여 마신다. 마지막으로 치즈를 먹으며 멋진 디캔터에 담아둔 와인을 서빙한다.

식사가 끝난 후 손님들의 의견을 묻는다. 식사 내내 같은 와인을 마셨음에도 불구하고 마지막 와인이 제일 맛있었다고 하는 사람들이 있을 것이다. 그 다음으로는 두 번째를 꼽을 것이다. 첫번째는 그저 평범하다고 평가하는 사람이 많을 것이다. 나와 내기를 해도 좋다. 와인 맛과 관계없이 색에 반하듯 병 모양에도 사람들의 마음이 움직인다.

뒤섞인 라벨 라벨은 와인의 첫인상으로, 와인에 대한 많은 정보를 담아내고 있다. 이러한 라벨도 자칫 와인을 맛보기도 전에 선입견을 안겨줄 수 있다. 그러므로 라벨과 함께 맛도 잘 기억해두는 것이 중요하다.

친한 친구들과 다음 게임을 해보자. 친구들에게는 단순한 '비교 시음'이라고 소개한다.

Ready! 친구들 몰래 가벼운 보르도 레드 와인을 부르고뉴 와인 병에 붓고, 평범한 칠레 와인을 보르도 와인 병에 부어둔다. 게임이 끝나고 삐치지 않을 쿨한 친구들과 함께한다.

Action! 제법 진지하게 두 와인을 비교하도록 한다. "보르도 와인이

나은가, 부르고뉴 와인이 나은가?", "왜 그 와인이 더 나은가?" 등의 주제로 이야기를 나눠본다.

아마도 놀랄 만한 대답이 나올 것이다. 칠레 와인을 보르도 와인인 줄 알고 역시 보르도 와인은 어떻다는 둥 이야기를 늘어놓는가 하면, 보르도 와인을 부르고뉴 와인의 특성대로 설명하려고 들 수도 있다. 라벨을 보고 추측한 대로 맛도 향도 실제 와인의 느낌과 관계 없이, 머릿속 지식으로 와인을 평가해버린 것이다.

이때 아무리 쿨한 친구들이라고 해도 너무 놀려서는 안 된다. 누구든 실수할 수 있고, 더군다나 이런 상황에서는 이해하고도 남을 만하니까.

향으로 느끼는 와인 게임

현대 사회에서는 후각을 쓸 기회가 점점 사라지고 있다. 우리는 동물이 아니고, 먹기 위해서 사냥할 필요도 없기 때문이다. 그러나 때로는 단순한 냄새 하나가 많은 것을 의미하기도 한다. 냄새가 우리 안에 있는 수많은 기억과 감정을 이끌어낼 수 있고, 우리를 편안하게 만들거나 불편하게 만들 수 있다. 잊고 지냈던 슬픈 기억이나 아름다웠던 사랑의 추억을 떠올리게 할 수도 있는 것이다. 후각을 깨워보자!

아로마 게임 와인과 와인의 다양한 아로마를 느끼기 위해서 주요 아로마에 해당하는 천연 에센스로 게임을 해보자. 게임이라기에는 단순하지

'와인의 향' 아로마 키트

만 해보면 무척 재미있다. 처음에는 단일 품종 와인을 선택해서 차이점을 느껴보도록 한다. 혼자 해봐도 좋지만 가족 혹은 친구들과 해보면 웃음이 만발한 시간이 될 것이다.

Ready! 와인의 원산지나 종류에 관계없이 단일 품종으로 만든 와인 두세 가지를 고르고 와인 잔 여러 개와 와인을 시음하고 뱉어낼 수 있는 스핏 버킷도 있으면 좋다. 그리고 와인과 관련된 아로마나 천연 에센스로 구성된 키트를 준비한다. 최고의 와인 전문 아로마 키트는 장 르누아르^{Jean} ^{Renoir}의 '와인의 향^{Le Nez du Vin}' 이라는 제품이다.

Action! 와인을 시음하면서 작은 에센스 병을 가지고 맞는 아로마를 찾아본다(78~83쪽 아로마 관련 표 참조). 와인의 냄새를 맡고 맛을 보고 향을 충분히 느끼는 즐거운 시간을 갖는다.

홈메이드 냄새 찾기 게임 아로마 게임과 비슷하지만 와인을 뺀 버전이다. 자신의 후각을 테스트해 보는 게임으로, 아이들과 함께 할 수 있다. 아마 아이들이 더 잘할 것이다.

Ready! 주변에서 흔히 찾아볼 수 있는 냄새 나는 것을 준비한다. 커피, 초콜릿, 잼, 올리브 오일, 후추, 향신료, 김치, 된장, 멸치, 치즈, 비누, 태운 나무, 토스트, 젖은 흙 등…… 무궁무진하게 찾아낼 수 있다. 작은 용기나 종이컵에 냄새 샘플을 하나씩 담는다. 알루미늄 포일로 씌우고 냄새가 새어나오도록 작은 구멍을 낸다.

Action! 돌아가면서 냄새를 맡아보고 맞힌다. 누가 후각이 제일 뛰어난지 시합해보고, 우승자에게는 향수 선물을 준다면 딱 맞을 것이다.

음식과 어울리는 와인 게임
여지껏 살펴봤듯이 어떤 음식과 함께 하느냐에 따라 와인 맛이 좋아질 수도 망쳐질 수도 있다. 그렇기 때문에 궁합에 신경 써야 하는 것이다.

못 믿겠다면 한 번 실험해보자.

블루 치즈와 김치밥 테스트

Ready! 프랑스 보르도나 코트뒤론의 맛좋은 레드 와인 한 가지를 고르고 디캔터를 두 개 준비해서 부어놓는다. 로크포르나 고르곤졸라 같은 블루 치즈를 바른 작은 빵 몇 조각, 아니면 김치와 밥을 먹기 좋게 뭉쳐서 준비해둔다.

Action! 친구들에게는 서로 다른 와인 두 가지를 준비했다고 알린다. 먼저 디캔터에 담아놓았던 와인을 내놓고 이때에는 안주를 전혀 곁들이지 않는다. 와인을 마셔보고 평가한 후 블루 치즈를 바른 빵 혹은 김치밥을 내놓는다. 그후에 두 번째 디캔터를 가져오면서 다른 와인인 것처럼 소개한다.

만장일치로 첫 번째 와인이 더 좋다고 대답할 것이다. 아마 두 번째 와인은 떫은 맛이 나고 화학적이며 금속성이 느껴진다고 평가할 것이다. 질이 안 좋은 와인 같다고 말할지도 모른다. 블루 치즈의 텁텁한 맛, 진한 곰팡이 냄새와 짭조름한 느낌 때문에 와인을 제대로 즐기지 못하게 된다. 발효 음식인 김치의 매운 맛도 똑같은 효과를 낸다. 순간적으로 미각이 마비되기 때문에 혀로 와인 맛을 느끼지 못하게 되는 것이다. 결국 같은 와인인데도 첫 번째 마신 와인과는 완연히 다른 와인으로, 맛이 좋지 않은 와인으로 인식하게 된다. 와인과 음식 궁합이 왜 중요한지 바로 느끼게 해주는 게임이다.

레몬 샐러드 테스트 기본적인 맛인 단맛, 짠맛, 신맛, 쓴맛이 와인 맛에 얼마나 많은 영향을 미치는지 보여주는 게임이다. 특히 신맛과 쓴맛에 대해 생각하게 해준다.

Ready! 저렴한 보르도 화이트 와인이나 독일산 드라이 화이트 와인으로 제법 산도가 있는 와인을 고르고 온도는 12도에 맞춘다. 디캔터 두 개를 준비해서 서로 다른 화이트 와인인 것처럼 준비해둔다. 그리고 올리브 오일과 레몬즙을 뿌리고 크루통을 올린 샐러드를 만든다. 친구들에게는 '간단한 와인 시음'이라고 말한다.

Action! 한 디캔터에 든 와인을 맛보게 하고 평을 듣는다. 그리고 나서 샐러드를 내놓는다. 다른 디캔터의 와인을 같은 온도인 12도에서 서빙하고 어느 와인이 더 맛이 좋은지 서로 이야기한다.

똑같은 와인인데도 대부분 두 번째로 시빙한 와인을 더 좋게 평가했을 확률이 높다. 준비한 와인이 산도가 있는데, 레몬의 산도가 더 높기 때문에 샐러드를 먹고 난 후에 마시는 와인의 산도는 덜 느껴지기 마련이다. 각 와인이 가진 장점을 최대한 살려 맛있게 마시려면 음식과의 궁합이 이렇게 중요하다는 결론을 보여준다.

온도에 따라 변하는 와인 게임
온도는 와인을 평가하는 데 있어서 중요한 요소로 작용한다. 지키면 좋은 것이 아니라 꼭 지켜야 하는 것이다. 이를 보여주는 간단한 게임을 해보자.

따뜻하고 차가운 와인 게임

Ready! 친구들에게는 '다양한 레드 와인 시음 이벤트'를 마련했다고 얘기한다. 부담 없는 레드 와인 한 가지를 네 병 준비하고 디캔터 혹은 유리 물병 네 개를 준비한다. 아이스 버킷이나 냉장고, 중탕기 등 와인의 온도를 따뜻하게 혹은 차갑게 할 수 있는 도구가 있어야 한다. 가장 중요한 준비물은 와인의 서빙 온도를 잴 수 있는 온도계다.

Action! 친구들에게는 서로 다른 레드 와인을 네 병 준비했다고 하고는 사실은 같은 와인을 네 개의 디캔터에 담아 온도를 12도, 15도, 18도, 22도로 맞춘다. 게임을 진행하는 당신은 디캔터 순서가 헷갈리지 않도록 직접 서빙하고 어떤 와인이 제일 맛있는지 순서대로 평가해달라고 부탁한다.

결과를 예상하자면, 15~18도로 서빙된 와인에 대한 평가가 가장 좋을 것이다. 12도였던 와인은 너무 단순하고 아로마가 약하다는 평을 받을 것이다. 와인이 너무 차가워서 아로마가 죽어버린 것이다. 반면 22도에 맞춘 와인은 너무 떫고 수렴성이 강하며 씁쓸하다고 평가할 것이다. 나쁜 와인이라고 말하는 사람도 있을 수 있다. 너무 따뜻하면 최고의 와인조차도 싸구려 와인으로 전락해버리고 만다. 와인 애호가들은 "온도를 잘 맞춘 1만 원짜리 와인이 온도를 못 맞춘 10만 원짜리 와인보다 더 맛있다"라고 말할 정도다. 와인에 있어 온도는 이렇게 절대적이다.

BEST
GIFT

이다도시가 추천하는
선물용 와인 리스트

와인을 선물할 때 가장 중요한 것은 취향이지 가격은 아니라는 점을 꼭 명심해야 한다. 무조건 비싼 와인이라고 받는 사람의 만족도가 커지는 것은 아니라는 것이다. 맛이 중요하며, 받는 사람의 마음에 들어야 한다. 예를 들어 와인에 대해 전혀 문외한인데다 보관 장소도 없는 사람한테 오랫동안 보관해야 하는, 그래서 값비싼 그랑 크뤼를 선물하는 것은 낭비. 실용적으로 생각하고 마음을 담는 게 중요하다. 지금까지 이 책을 읽으며 여러 가지 와인을 마셔보고 또 와인이 음식와 잘 어우러지도록 곁들여보았다면 이제 어떤 와인을 누구에게 선물하면 좋을지 아이디어들이 많이 떠오를 것이다. 그래도 수많은 와인 중 그 사람에게 선물할 와인이 고민이라면 이제부터 나의 선물용 와인 리스트를 참고하면 훨씬 간단해질 것이다. 앞에서 말했듯이 여성 와인, 남성 와인이 정해져 있는 것은 아니지만 일반적으로 선호되는 와인 스타일에 이미 한국에서 그 품질을 검증받은 와인들로 대부분 골랐다. 단, 제시된 가격은 대략적인 소비자 가격으로 와인의 빈티지에 따라, 판매 장소에 따라, 혹은 와인 수입사의 가격 책정에 따라 바뀔 수 있음을 일러둔다. 이다도시가 추천하는 선물용 와인 리스트는 다음과 같다.

FOR
WOMEN

20 - 30대 여성에게

여성에게 선물할 와인을 고를 때는 모스카토 다스티 한 병, 혹은 샴페인이나 로제 와인이 좋다.
또한 아이스 와인은 딸기, 살구, 말린 과일 향, 벌꿀 향이 풍부하고 여성들에게 항상 인기가 많다.
아이스 와인은 차갑게 마시는 것을 잊지 말 것!

뵈브 클리코 로제
VEUVE CLICQUOT ROSÉ

용량 750ml | **가격** 11만 원대 | **생산지** 프랑스, 샹파뉴 | **와인 종류** 스파
클링 와인 | **포도 품종** 피노 누아, 피노 뫼니에, 샤르도네, 레쟁 루즈 | **알
코올 도수** 12.5도 | **마시기 적당한 온도** 8~10도 | **향** 산딸기, 체리, 블랙
베리 등 붉은 과일, 말린 살구 향과 빵, 아몬드, 쿠키 향 | **수입사** 모엣 헤
네시 코리아

DRY ▭▭▭ SWEET

카티에르 브륏 레 로즈
CATTIER BRUT LES ROSES

용량 750ml | **가격** 20만 원대 | **생산지** 프랑스, 샹파뉴 | **와인 종류** 스파
클링 와인 | **포도 품종** 샤르도네 | **알코올 도수** 12도 | **마시기 적당한 온
도** 6~8도 | **향** 열대 과일, 바닐라, 복숭아 향. 라이트하고 깔끔한 맛이 특
징이다. | **수입사** 롯데아사히와인

DRY ▭▭▭ SWEET

체레토 모스카토 다스티
CERETTO MOSCATO D'ASTI

용량 375ml | **가격** 4만 원대 | **생산지** 이태리, 피에몬테 | **와인 종류** 스
파클링 와인 | **포도 품종** 모스카토 | **알코올 도수** 5.5도 | **마시기 적당한
온도** 6~8도 | **향** 신선하고 상쾌한 귤, 오렌지 향 | **수입사** 까브드뱅

DRY ▭▭▭ SWEET

빌라 엠 로소
VILLA M ROSSO

용량 750ml | **가격** 4만 원대 | **생산지** 이태리, 피에몬테 | **와인 종류** 스파클링 레드 와인(로제 빛깔) | **포도 품종** 브라체토 | **알코올 도수** 5.5도 | **마시기 적당한 온도** 10~13도 | **향** 신선하고 달콤한 붉은 과일 향 | **수입사** 아영FBC

DRY ▭▬▭ SWEET

로제 드 무통 카데
LE ROSÉ DE MOUTON CADET

용량 750ml | **가격** 3만 원대 | **생산지** 프랑스, 보르도 | **와인 종류** 로제 와인 | **포도 품종** 메를로, 카베르네 프랑, 카베르네 소비뇽 | **알코올 도수** 12도 | **마시기 적당한 온도** 11~12도 | **향** 체리, 산딸기 등 신선한 붉은 과일과 꽃 향 | **수입사** 대유와인

DRY ▭▬▭ SWEET

몬테스 슈럽
MONTES CHERUB

용량 750ml | **가격** 2만 원대 | **생산지** 칠레, 센트럴 밸리 | **와인 종류** 로제 와인 | **포도 품종** 시라 | **알코올 도수** 13.5% | **마시기 적당한 온도** 12~14도 | **향** 딸기 등 신선한 붉은 과일, 오렌지, 장미꽃 향 | **수입사** 나라식품

DRY ▬▭ SWEET

FOR WOMEN

BEST GIFT

20 - 30대 여성에게

버겐랜드 아이스 와인
BURGENLAND ICE WINE

용량 375ml | **가격** 15만 원대 | **생산지** 오스트리아 | **와인 종류** 디저트 와인 | **포도 품종** 리즐링 | **알코올 도수** 10.2도 | **마시기 적당한 온도** 6~8도 | **향** 약간의 레몬과 라임, 사과 향과 스파이시한 꽃 향 | **수입사** 월드와인

DRY ▭▭▭▭▭ SWEET

허니 아이스 와인
HONEY ICE WINE

용량 375ml | **가격** 3만 원대 | **생산지** 호주 | **와인 종류** 디저트 와인 | **포도 품종** 세미용 | **알코올 도수** 10도 | **마시기 적당한 온도** 6~8도 | **향** 풍부한 벌꿀, 복숭아, 산딸기 향 | **수입사** 마이와인즈

DRY ▭▭▭▭▭ SWEET

이바치 키스 아이스 와인
IBACI KISS ICE WINE

용량 375ml | **가격** 7만 원대 | **생산지** 캐나다 | **와인 종류** 디저트 와인 | **포도 품종** 비달 | **알코올 도수** 11.5도 | **마시기 적당한 온도** 6~8도 | **향** 파인애플, 오렌지, 레몬 캔디의 우아하고 복합적인 향 | **수입사** 비니시모

DRY ▭▭▭▭▭ SWEET

빌라 마리아
프라이빗 빈 소비뇽 블랑
VILLA MARIA
PRIVATE BIN SAUVIGNON BLANC

용량 750ml | **가격** 2만 원대 | **생산지** 뉴질랜드 | **와인 종류** 화이트 와인
포도 품종 소비뇽 블랑 | **알코올 도수** 13도 | **마시기 적당한 온도** 10~12도
향 카시스, 트로피컬 과일 향 | **수입사** 신동와인

DRY `[_____████_____]` SWEET

옐로 테일 쉬라즈 리저브
YELLOW TAIL SHIRAZ RESERVE

용량 750ml | **가격** 3만 원대 | **생산지** 호주 | **와인 종류** 레드 와인 | **포도
품종** 쉬라즈 | **알코올 도수** 14도 | **마시기 적당한 온도** 16~18도 | **향** 잘
익은 체리, 블랙베리, 초콜릿, 모카 향 | **수입사** 롯데아사히와인

DRY `[████_____]` SWEET

랭 리즐링 아이스 와인
LANG RIESLING ICE WINE

용량 375ml | **가격** 17만 원대 | **생산지** 캐나다 | **와인 종류** 디저트 와인
포도 품종 리즐링 | **알코올 도수** 14도 | **마시기 적당한 온도** 6~8도 | **향**
풍부한 벌꿀, 복숭아, 사과 향 | **수입사** 비니시모

DRY `[_____████__]` SWEET

F O R
WOMEN

BEST GIFT

4 0 - 5 0 대 여성에게

원숙한 여성에게는 샴페인 브륏 혹은 샴페인 로제, 혹은 프랑스 소테른, 헝가리 토카이 같은
고상한 리큐어 와인을 선물한다면 무척 마음에 들어할 것이다.
포르토 와인이나 뱅 두 나튀렐 역시 고상한 선물이다.

멈 로제
MUMM ROSÉ

용량 750ml | **가격** 7만 원대 | **생산지** 프랑스, 상파뉴 | **와인 종류** 스파클
링 와인 | **포도 품종** 피노 누아, 피노 뫼니에, 샤르도네 | **알코올 도수** 12도
마시기 적당한 온도 6~8도 | **향** 딸기 같은 산뜻한 과일 향에 카라멜, 바닐
라 향이 가미된 감미로운 향 | **수입사** 페르노리카 코리아

DRY ▬▬▬▬ SWEET

포므리 브륏 로제
POMMERY BRUT ROSÉ

용량 750ml | **가격** 23만 원대 | **생산지** 프랑스, 상파뉴 | **와인 종류** 스파클링
와인 | **포도 품종** 샤르도네, 피노 누아, 피노 뫼니에 | **알코올 도수** 12.5도 | **마
시기 적당한 온도** 6~8도 | **향** 작고 붉은 베리의 향 | **수입사** 수석와인

DRY ▬▬▬ SWEET

페리에 주에 벨 에포크
PERRIER JOUËT BELLE ÉPOQUE

용량 750ml | **가격** 20만 원대 | **생산지** 프랑스, 상파뉴 | **와인 종류** 스파
클링 와인 | **포도 품종** 샤르도네, 피노 누아, 피노 뫼니에 | **알코올 도수**
12.5도 | **마시기 적당한 온도** 6~8도 | **향** 감귤, 백색 과일, 복숭아, 배 그
리고 약한 꿀, 크림, 감초 향 | **수입사** 페르노리카 코리아

DRY ▬▬▬ SWEET

로얄 토카이 아수 에센시아
ROYAL TOKAJI ASZU ESSENSIA

용량 500ml | **가격** 35만 원대 | **생산지** 헝가리, 토카이 | **와인 종류** 디저트 와인 | **포도 품종** 푸르민트 외 | **알코올 도수** 14.5도 | **마시기 적당한 온도** 8~10도 | **향** 커피, 마말레이드, 말린 살구, 오렌지, 모과, 복숭아, 꽃 아로마, 버터 향이 살짝 난다. | **수입사** 신동와인

DRY [████████] SWEET

로얄 토카이 블루 라벨 5푸토뇨스
ROYAL TOKAJI
BLUE LABEL 5 PUTTONYOS

용량 500ml | **가격** 8만 원대 | **생산지** 헝가리, 토카이 | **와인 종류** 디저트 와인 | **포도 품종** 푸르민트 외 | **알코올 도수** 10.5도 | **마시기 적당한 온도** 8~10도 | **향** 말린 과일, 벌꿀, 열대 과일 아로마, 오렌지, 블랙 티, 카라멜, 마말레이드 아로마 | **수입사** 신동와인

DRY [████████] SWEET

뱅 드 파이유
VIN DE PAILLE

용량 500ml | **가격** 10만 원대 | **생산지** 프랑스, 쥐라 | **와인 종류** 디저트 와인 | **포도 품종** 사바냉, 샤르도네 외 | **알코올 도수** 15~18도 | **마시기 적당한 온도** 8~10도 | **향** 자두 등 말린 과일, 잼, 카라멜, 마말레이드 아로마 | **수입사** 현재 국내에는 판매되지 않고 있지만, 선물을 받거나 혹은 여행을 가서 접한다면 놓치지 말아야 할 좋은 와인이다.

DRY [████████] SWEET

FOR WOMEN

BEST GIFT

40 - 50대 여성에게

이오스 모스카토
EOS MOSCATO

용량 375ml | **가격** 5만 원대 | **생산지** 미국, 캘리포니아 | **와인 종류** 디저트 와인 | **포도 품종** 모스카토 | **알코올 도수** 11.5도 | **마시기 적당한 온도** 8~10도 | **향** 달콤한 복숭아, 사과, 살구, 라일락, 꿀, 넥타 향 | **수입사** 수석와인

DRY ▭▭▭▭▭ SWEET

지네스테 소테른
GINESTET SAUTERNES

용량 750ml | **가격** 7만 원대 | **생산지** 프랑스, 소테른 | **와인 종류** 디저트 와인 | **포도 품종** 세미용, 소비뇽 블랑, 뮈스까델 | **알코올 도수** 12도 | **마시기 적당한 온도** 8~10도 | **향** 말린 살구 등 달콤한 과일 향에 꿀 냄새가 살짝 난다. | **수입사** 금양인터내셔널

DRY ▭▭▭▭▭ SWEET

브라운 브라더스
레이트 하비스트 오렌지 뮈스카 & 플로라
BROWN BROTHERS
LATE HARVEST ORANGE MUSCAT & FLORA

용량 375ml | **가격** 3만 원대 | **생산지** 호주 | **와인 종류** 디저트 와인 | **포도 품종** 오렌지 뮈스카, 플로라 | **알코올 도수** 9.5도 | **마시기 적당한 온도** 8~10도 | **향** 풍부한 오렌지 즙, 건포도 향, 꿀 향도 살짝 난다. 부드럽고 시원하면서도 깔끔한 와인이다. | **수입사** 까브드뱅

DRY ▭▭▭▭▭ SWEET

샌드맨 루비 포르토
SANDEMAN RUBY PORTO

용량 750ml | **가격** 4만 원대 | **생산지** 포르투갈 | **와인 종류** 디저트 와인
포도 품종 블렌딩 | **알코올 도수** 19.5도 | **마시기 적당한 온도** 10~15도
향 자두, 딸기 등 풍부한 붉은 과일 향 | **수입사** 피노홀딩스 | 어렸을 때
부모님과 함께 포르투갈에 있는 샌드맨 와이너리를 방문했던 추억 때문
에 더욱 특별한 와인. 우리 어머니가 좋아하는 포르토 와인이다.

DRY [████████████████████████████████] SWEET

로버트 몬다비 우드브리지 로제
ROBERT MONDAVI
WOODBRIDGE ROSE

용량 750ml | **가격** 2만 원대 | **생산지** 미국, 캘리포니아 | **와인 종류** 로제
와인 | **포도 품종** 진판델, 뮈스카 | **알코올 도수** 13도 | **마시기 적당한 온도**
11~12도 | **향** 매혹적인 꽃 향기와 신선한 사과, 딸기 등의 과일 향 | **수
입사** 신동와인

DRY [████████████████████████████████] SWEET

샤토 디켐
CHÂTEAU D'YQUEM

용량 375ml | **가격** 35만 원대(1998 빈티지) | **생산지** 프랑스, 소테른 | **와인
종류** 디저트 와인 | **포도 품종** 세미용, 소비뇽 블랑 | **알코올 도수** 13.5도
마시기 적당한 온도 8~10도 | **향** 달콤한 향. 흰 꽃, 살구, 파인애플, 꿀 향
수입사 신동와인

DRY [████████████████████████████████] SWEET

FOR MEN

BEST GIFT

20-30대 남성에게

남성들은 일반적으로 강직하고 타닌이 강한 보르도 스타일의 레드 와인을 좋아한다.
그 외에 프랑스 부르고뉴 레드 와인 같은 우아한 와인이나 시크한 샴페인,
묵직한 보르도 화이트 와인도 좋은 선물이 될 수 있다.

켄달 잭슨 그랑 리저브 카베르네 소비뇽
KENDALL JACKSON GRAND RESERVE CABERNET SAUVIGNON

용량 750ml | **가격** 12만 원대 | **생산지** 미국, 캘리포니아 | **와인 종류** 레드 와인 | **포도 품종** 카베르네 소비뇽, 카베르네 프랑 | **알코올 도수** 14.5도 | **마시기 적당한 온도** 16~18도 | **향** 붉은 과일과 바닐라 향 | **수입사** 아영FBC

DRY ▬▬▬ SWEET

샤토 샤스스플린
CHÂTEAU CHASSE-SPLEEN

용량 750ml | **가격** 10만 원대 | **생산지** 프랑스, 보르도 | **와인 종류** 레드 와인 | **포도 품종** 카베르네 소비뇽, 메를로, 프티 베르도 | **알코올 도수** 13도 **마시기 적당한 온도** 16~18도 | **향** 커런트, 스파이시, 약간의 토스티 오크 향 | **수입사** 신동와인

DRY ▬▬▬ SWEET

지네스테 마스카롱 퓌스갱 생테밀리옹
GINESTET MASCARON PUISSEGUIN SAINT-EMILION

용량 750ml | **가격** 5만 원대 | **생산지** 프랑스, 보르도 | **와인 종류** 레드 와인 **포도 품종** 메를로, 카베르네 프랑, 카베르네 소비뇽 | **알코올 도수** 12.5도 | **마시기 적당한 온도** 16~18도 | **향** 자두, 산딸기, 바닐라 향, 약한 제비꽃 향. 부드러운 타닌이 느껴진다. | **수입사** 금양인터내셔널

DRY ▬▬▬ SWEET

페리 뫼니에 뉘생조르주
FERY MEUNIER
NUIT-SAINT-GEORGES

용량 750ml | **가격** 18만 원대 | **생산지** 프랑스, 부르고뉴 | **와인 종류** 레드 와인 | **포도 품종** 피노 누아 | **알코올 도수** 13도 | **마시기 적당한 온도** 16~18도 | **향** 레드 베리, 블랙 베리, 바닐라, 오크 향 | **수입사** 동원와인플러스

DRY [████░░░░░░░] SWEET

칼레라 피노 누아
CALERA PINOT NOIR

용량 750ml | **가격** 10만 원대 | **생산시** 미국, 캘리포니아 | **와인 종류** 레드 와인 | **포도 품종** 피노 누아 | **알코올 도수** 14.1도 | **마시기 적당한 온도** 16~18도 | **향** 다크 체리, 자두, 차, 스모키 오크 향이 살짝 난다. | **수입사** 카마와인

DRY [██░░░░░░░░░] SWEET

샤토 드 메르세이 머큐리 1등급
CHÂTEAU DE MERCEY
MERCUREY 1ER CRU

용량 750ml | **가격** 12만 원대 | **생산지** 프랑스, 부르고뉴 | **와인 종류** 레드 와인 | **포도 품종** 피노 누아 | **알코올 도수** 13도 | **마시기 적당한 온도** 16~18도 **향** 레드 체리, 검은 과일, 달콤한 향신료 향, 빵 굽는 냄새도 난다. | **수입사** 길진인터내셔널

DRY [███░░░░░░░░] SWEET

FOR MEN

BEST GIFT

20 - 30 대 남 성 에 게

앙리오 브륏
HENRIOT BRUT

용량 750ml | **가격** 20만 원대 | **생산지** 프랑스, 샹파뉴 | **와인 종류** 스파
클링 와인 | **포도 품종** 피노 누아, 샤르도네 | **알코올 도수** 12도 | **마시기
적당한 온도** 6~8도 | **향** 배, 딸기 향 | **수입사** 나라식품

DRY ▮▮▮▮▮▮▮▮▮▮▮▮▮▮ SWEET

포므리 브륏 로얄
POMMERY BRUT ROYAL

용량 750ml | **가격** 17만 원대 | **생산지** 프랑스, 샹파뉴 | **와인 종류** 스파
클링 와인 | **포도 품종** 피노 누아, 샤르도네, 피노 뫼니에 | **알코올 도수**
12.5도 | **마시기 적당한 온도** 6~8도 | **향** 붉은 과일, 흰 꽃 향이 상쾌하
고 풍부하다. | **수입사** 수석와인

DRY ▮▮▮▮▮▮▮▮▮▮▮▮▮▮▮ SWEET

제라드 베르트랑 크레망 드 리무 블랑
GÉRARD BERTRAND
CRÉMANT DE LIMOUX BLANC

용량 750ml | **가격** 6만 원대 | **생산지** 프랑스, 랑그독 루시용 | **와인 종류**
스파클링 와인 | **포도 품종** 모작, 슈냉 블랑, 샤르도네 | **알코올 도수** 12.5도
마시기 적당한 온도 6~8도 | **향** 흰 꽃 향과 배 등 신선한 과일의 향 | **수입
사** 까브드뱅

DRY ▮▮▮▮▮▮▮▮▮▮▮▮▮▮ SWEET

샤토 스미스오라피트 블랑
CHÂTEAU
SMITH-HAUT-LAFITTE BLANC

용량 750ml | **가격** 15만 원대(2002빈티지) | **생산지** 프랑스, 보르도 | **와 인 종류** 화이트 와인 | **포도 품종** 소비뇽 블랑, 세미용, 소비뇽 그리 | **알 코올 도수** 13도 | **마시기 적당한 온도** 10~12도 | **향** 메론 같은 과일 향 과 바닐라, 버터, 오크 향 등 복합적 | **수입사** 여러 수입사

DRY [▮▮▮] SWEET

니포자노 리제르비
NIPOZZANO RISERVA

용량 750ml | **가격** 4만 원대 | **생산지** 이태리, 토스카나 | **와인 종류** 레드 와인 | **포도 품종** 산지오베제 | **알코올 도수** 13도 | **마시기 적당한 온도** 16~18도 | **향** 체리와 자두 같은 과일 향, 스파이시한 향 | **수입사** 신동와인

DRY [▮▮] SWEET

쿤스틀러 리즐링 스패트레제
KUNSTLER RIESELING SPATLESE

용량 750ml | **가격** 8만 원대 | **생산지** 독일, 라인가우 | **와인 종류** 화이트 와인 | **포도 품종** 리즐링 | **알코올 도수** 7도 | **마시기 적당한 온도** 8~10도 | **향** 꽃, 싱싱한 과일 향 등 복합적인 아로마 | **수입사** 롯데아사히와인

DRY [▮▮▮▮] SWEET

FOR MEN

BEST GIFT

40 - 50대 남성에게

원숙한 남성에게는 보르도 그랑 크뤼가 가장 훌륭한 선물이 될 수 있을 것이다.
또한 샤토뇌프뒤파프같이 고상한 레드 와인이나 세계적으로 유명한 샴페인,
오래 숙성된 포르토 와인은 중후하고 고급스러운 선물이다.

인시그니아
INSIGNIA

용량 750ml | **가격** 45만 원대 | **생산지** 미국, 나파 밸리 | **와인 종류** 레드 와인 | **포도 품종** 카베르네 소비뇽, 프티 베르도, 메를로, 말벡 | **알코올 도수** 13.5도 | **마시기 적당한 온도** 16~18도 | **향** 커런트, 블랙 체리, 아니스, 허브, 모카, 오크 향 | **수입사** 나라식품

DRY ▢▢▢▢▢▢▢ SWEET

샤토 피쟉
CHÂTEAU FIGEAC

용량 750 ml | **가격** 20만 원대 | **생산지** 프랑스, 보르도 | **와인 종류** 레드 와인 | **포도 품종** 카베르네 소비뇽, 카베르네 프랑, 메를로 | **알코올 도수** 12도 | **마시기 적당한 온도** 16~18도 | **향** 블랙 체리, 블랙 커런트 향에 담배, 스모크, 계피 향도 느껴진다. | **수입사** 여러 수입사

DRY ▢▢▢▢▢▢▢ SWEET

레 투렐 드 롱그빌
LES TOURELLES DE LONGUEVILLE

용량 750ml | **가격** 10만 원대 | **생산지** 프랑스, 보르도 | **와인 종류** 레드 와인 | **포도 품종** 카베르네 소비뇽, 메를로 | **알코올 도수** 13도 | **마시기 적당한 온도** 16~18도 | **향** 붉은 과일의 깊은 향, 약간의 오크 향 | **수입사** 신동와인

DRY ▢▢▢▢▢▢▢ SWEET

폴 자불레 에네 지공다스 피에르 에기으
PAUL JABOULET AINÉ
GIGONDAS PIERRE AIGUILLE

용량 750ml | **가격** 6만 원대 | **생산지** 프랑스, 론 | **와인 종류** 레드 와인 | **포도 품종** 그르나슈, 시라, 무르베드르 | **알코올 도수** 14도 | **마시기 적당한 온도** 16~18도 | **향** 붉은 과일, 견과류, 말린 자두, 허브 향 | **수입사** 나라식품

DRY ▭▭▭ SWEET

샤토뇌프뒤파프 루즈 레 세드르
CHÂTEAUNEUF-DU-PAPE ROUGE
LES CEDRES

용량 750ml | **가격** 9만 원대 | **생산지** 프랑스, 론 | **와인 종류** 레드 와인 | **포도 품종** 그르나슈, 시라, 무르베드르, 생소 | **알코올 도수** 13.5도 | **마시기 적당한 온도** 16~18도 | **향** 매운 향, 붉은 과일 향과 구운 아몬드의 고소한 향 | **수입사** 나라식품

DRY ▭▭▭ SWEET

산 펠리체 일 그리지오 키안티
SAN FELICE IL GRIGIO CHIANTI

용량 750ml | **가격** 6만 원대 | **생산지** 이태리, 토스카나 | **와인 종류** 레드 와인 | **포도 품종** 산지오베제 | **알코올 도수** 13.1도 | **마시기 적당한 온도** 16~18도 | **향** 달콤한 베리와 제비꽃 향, 약간 그을린 오크 향 | **수입사** 롯데아사히와인

DRY ▭▭▭ SWEET

FOR MEN

40 – 50대 남성에게

볼렝저 스페샬 퀴베 브릿
BOLLINGER
SPECIAL CUVEE BRUT

용량 750ml | **가격** 15만 원대 | **생산지** 프랑스, 상파뉴 | **와인 종류** 스파클링 와인 | **포도 품종** 피노 누아, 샤르도네, 피노 뫼니에 | **알코올 도수** 12도 | **마시기 적당한 온도** 6~8도 | **향** 레몬 향, 약간의 미네랄과 이스트 향 | **수입사** 신동와인

DRY ▮▮▮▮▮ SWEET

뒤발 르로이 파리 브릿
DUVAL LEROY PARIS BRUT

용량 750ml | **가격** 16만 원대 | **생산지** 프랑스, 상파뉴 | **와인 종류** 스파클링 와인 | **포도 품종** 샤르도네, 피노 누아 | **알코올 도수** 12도 | **마시기 적당한 온도** 6~8도 | **향** 신선한 과일, 흰 꽃, 애기병꽃 향과 헤이즐넛 향 | **수입사** 빈티지코리아

DRY ▮▮▮▮▮ SWEET

테탱저 브릿 레제르브
TAITTINGER BRUT RESERVE

용량 750ml | **가격** 16만 원대 | **생산지** 프랑스, 상파뉴 | **와인 종류** 스파클링 와인 | **포도 품종** 피노 누아, 피노 뫼니에, 샤르도네 | **알코올 도수** 5도 | **마시기 적당한 온도** 6~8도 | **향** 배, 아카시아, 백합꽃 향과 싱싱한 과일 향, 섬세한 꿀 향 | **수입사** 까브드뱅

DRY ▮▮▮▮▮ SWEET

테일러 텐 이어 올드 타니 포르토
TAYLOR'S 10 YEAR OLD TAWNY PORTO

용량 750ml | **가격** 8만 원대 | **생산지** 포르투갈, 두오로 | **와인 종류** 디저트 와인 | **포도 품종** 토리가 외 | **알코올 도수** 20도 | **마시기 적당한 온도** 16~18도 | **향** 미묘한 우드 향, 부드럽고 풍부한 향 | **수입사** 신동와인

DRY [▮▮▮▮▮▮▮▮▮▮] SWEET

샌드맨 파운더스 리저브 포르토
SANDEMAN FOUNDERS RESERVE PORTO

용량 750ml | **가격** 8만 원대 | **생산지** 포르투갈 두오로 | **와인 종류** 디저트 와인 **포도 품종** 토리가 외 | **알코올 도수** 20도 | **마시기 적당한 온도** 16~18도 | **향** 풍부하고 붉은 과일 향, 오크, 바닐라, 담배 향 | **수입사** 피노홀딩스

DRY [▮▮▮▮▮▮▮▮▮▮] SWEET

다우 텐 이어 올드 타니 포트
DOW 10 YEAR OLD TAWNY PORT

용량 750ml | **가격** 7만 원대 | **생산지** 포르투갈, 두오로 | **와인 종류** 디저트 와인 | **포도 품종** 틴타 로리츠 외 | **알코올 도수** 20도 | **마시기 적당한 온도** 16~18도 | **향** 깊고 풍부한 블랙 커런트, 말린 자두, 오크, 바닐라, 커피 향 **수입사** 나라식품

DRY [▮▮▮▮▮▮▮▮▮▮] SWEET

EPILOGUE

와인은 인생이다

와인에 대한 나의 이야기도 이제 끝났다. 하지만 늘 와인을 즐기며, 또 연구하고. 와인의 새로운 매력을 발견하는 즐거움은 끝나지 않을 것이다. 와인이란 바닥이 없는 우물과도 같아서 크고 작은 즐거움들이 끝없이 샘솟는 주제이기 때문이다. 이 책 속에서 내내 나와 함께한 여러분은 아마도 내 말에 공감하리라 믿는다.

와인 오디세이는 8천 년도 넘은 여행이다. 코카서스에서 출발한 포도 묘목은 그리스인, 로마인들을 따라, 그리고 천주교 선교인들을 따라 세계를 여행했다. 이제 포도나무는 전 세계에 존재한다. 이전에는 생각지도 못한 곳에서도 말이다. 또한 타히티, 일본, 미얀마, 태국, 인도 등지에서도 이제는 와인을 찾고 마신다. 한편 지금처럼 지구 온난화가 가속화되면 포도 재배 지도도 바뀔지 모른다. 앞으로 포도 재배자들은 추운 땅을 찾아갈지도 모르는 것이다.

와인이라는 주제는 예술, 문화, 철학, 과학 등 다양한 분야에 걸쳐 있
만큼 광범위해서 오랫동안 연구될 것이다. 무엇보다 중요한 것은 와인
애호가가 점차 많아지고 있고 더 많아질 것이라는 점이다. 바쁘게 돌아
가는 현대 사회 속에서 지친 사람들이 몸과 마음을 지켜주는 와인을 가
까이할 수밖에 없는 것은 당연하다. 물론 적당히 마신다는 전제가 있어
야 하겠지만 이 책에서 여러 번 말했듯이 폴리페놀 등 여러 가지 이로운
성분들이 몸의 건강에 도움을 주고, 좋은 사람들과 와인을 함께하는 들
거운 시간은 우리의 마음을 달래준다. 와인은 음식과 곁들여 먹으면 음
식과 와인 맛이 더욱 좋아지므로 일상의 즐거움을 만끽하게 해주고, 또
와인은 혼자 마시기보다는 여러 사람들과 마시게 되는 경우가 많으므로
따뜻한 대화를 나누며 함께 보내는 시간은 일상의 스트레스를 날려준
다. 이렇게 와인의 인기는 갈수록 높아지고, 생산국의 수도 점차 늘어나
고 있으니 앞으로도 신들의 음료의 미래는 밝을 것이다.

이제 우리가 할 일은 잔을 높이 들고 와인을 슬기는 것이다. 상테!
와인의 맛과 향을 느끼고 감탄하시기를! 늘 호기심을 갖고 새로운 와인
을 발견해나가기를! 행복, 자유, 나눔이라는 와인의 3대 철학이 여러분
의 인생 철학이 되기를! 한 번 사는 인생을 위하여, 상테!

BONJOUR WINE

참고 문헌 및 인터넷 사이트

《와인구매가이드》, 손진호, 이효정
《웰빙 와인 상식 50》, 서한정, 김준철, 한관규
《La clef des vignes》, Sopexa
《Le vin au feminin : petit guide pratique》, Mary-Chantal Leboucq & Hermance Triay
《Petit larousse des vins》, Larousse
『L'express "special vins"』No: 2930-sept2007
『Geo decouverte : "La folie des vins du monde"』-Hors serie-2007
www.75cl.info | www.wine21.com | www.wine.co.kr
www.winenara.com | www.viniflhor.fr

장소 협찬

비니위니 서래마을점 서울시 강남구 반포동 92-12 (02.592.9035)
로소 디 아이수마 서울시 강남구 신사동 528-8 (02.545.4283)
블룸앤구떼 서울시 강남구 신사동 524-24 (02.545.6659)
스타트 서울시 강남구 신사동 523-19 (02.518.2410)

국립중앙도서관 출판시도서목록(CIP)

봉주르 와인 / 지은이: 이다도시. — 서울 : 위즈덤하우스, 2009
p. ; cm
ISBN 978-89-5913-365-9 13590 : ₩15000
포도주[葡萄酒]
573.2-KDC4
663.2-DDC21   CIP2009000129

이다도시의 봉주르 와인

초판 1쇄 인쇄 2009년 1월 20일   초판 1쇄 발행 2009년 2월 1일

지은이 이다도시 **펴낸이** 신민식

출판 7분사_ 분사장 오연조
책임편집 홍정인 **디자인** 고은이
기획 박경아 김은주 성미옥 오윤경 황남상
마케팅 이희태 임태순 정주열 **제작** 이재승 송현주

펴낸곳 (주)위즈덤하우스 **출판등록** 2000년 5월 23일 제13-1071호
주소 서울시 마포구 도화동 22번지 창강빌딩 15층 **전화** 704-3861 **팩스** 704-3891
전자우편 wisdom7@wisdomhouse.co.kr **홈페이지** www.wisdomhouse.co.kr
출력 (주)플러스안 **종이** 화인페이퍼 **인쇄 · 제본** 영신사

ⓒ이다도시, 2009

값 15,000원 ISBN 978-89-5913-365-9 13590